快乐玩科学

[英] 安娜·克莱伯恩　著

（Anna Claybourne）

王宗笠　译

U0190756

重庆大学出版社

图书在版编目（CIP）数据

快乐玩科学 / (英) 安娜·克莱伯恩 (Anna Claybourne) 著；王宗笠译. -- 重庆：重庆大学出版社, 2024.9. -- ISBN 978-7-5689-4592-9

Ⅰ.N33-49　中国国家版本馆CIP数据核字第2024P1599S号

Copyright © Arcturus Holdings Limited

www.arcturuspublishing.com

版贸核渝字(2023)第021号

快乐玩科学
KUAILE WAN KEXUE

[英] 安娜·克莱伯恩 (Anna Claybourne)　著

王宗笠　译

策划编辑：王思楠

责任编辑：陈　力　　版式设计：马天玲

责任校对：邹　忌　　责任印制：张　策

重庆大学出版社出版发行

出版人：陈晓阳

社址：重庆市沙坪坝区大学城西路21号

邮编：401331

电话：(023) 88617190　88617185 (中小学)

传真：(023) 88617186　88617166

网址：http://www.cqup.com.cn

邮箱：fxk@cqup.com.cn (营销中心)

全国新华书店经销

印刷：重庆升光电力印务有限公司

开本：787mm × 960mm　1/16　印张：9　字数：137千字

2024年9月第1版　　2024年9月第1次印刷

ISBN 978-7-5689-4592-9　　定价：48.00元

本书如有印刷、装订等质量问题，本社负责调换

版权所有，请勿擅自翻印和用本书制作各类出版物及配套用书，违者必究

前　言

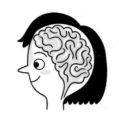

　　这本书中有几十个妙不可言的科学挑战、科学活动和科学游戏。你可以邀请朋友、家人和同学一起来玩。在开始玩之前，让我们先来自问自答一个很重要的问题：

科学是什么？

　　科学是一种探索世界的方法。按照事物可能的运作机制，科学家先做出某种预测，然后对之进行测试，以确认设定的运行机制是否正确。

　　当然，科学不一定非得是严肃呆板的！正如你将在书中看到的，你可以利用科学知识造出酷酷的装置，尝试不可思议的实验，让你的朋友们看了惊掉下巴！

　　不过，你也真得把科学当回事儿。

　　这是因为我们还得用科学来理解我们周围的世界，进行发明创造，并让日常生活运转起来。

火箭能进入太空全靠有了火箭科学！

我们需要知道什么是力，才能制造汽车、火车和飞机……

我们得了解各种材料的性质，才能使我们建造的摩天大楼和桥梁不至于坍塌。

制造计算机和机器人则涉及多门学科。

化学科学帮助我们创造出五花八门的东西——从油漆到电池，再到污水处理厂……

……认识 DNA 可以帮助我们检测疾病、制药和抓捕罪犯！

游戏开始了

本书的科学游戏将帮助你发现自然界的各种惊人真相，同时享受亲手操作一些很酷的实验的乐趣。你可以探究磁铁怎样发生作用，为什么有些东西会在水上漂浮，为什么有些植物种子会有翅膀，你的大脑如何发送信号，你为何会有记忆力，DNA 到底由什么物质组成，等等！

……你可以独自一人玩游戏，也可以与朋友分享……

不少游戏你只需一张纸和一支笔就可以玩……

另外一些你可以在散步或乘车的时候玩。

还有各种大型游戏，适合团队人多时、在课堂上或参加科学派对时玩！

准备好了吗？让我们开始玩吧！

目　录

1　科学游戏与玩具 1

2　多人科学游戏 23

3　科学挑战 45

4　大脑与身体的科学游戏 67

5　科学创客游戏 89

6　科学小组游戏 111

词汇表 132

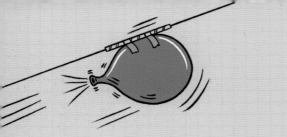
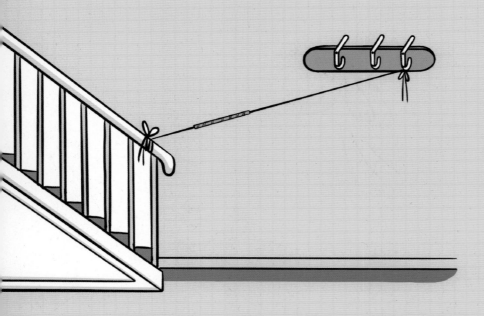

1 科学游戏与玩具

神秘的弹珠

　　这个游戏会用到你的预测能力。你猜，当弹珠碰撞时会发生什么事？和你的朋友进行挑战，看谁猜得对！

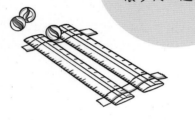

你需要什么？

◆ 至少 5 颗大小相同的弹珠

◆ 准备一条通道，以便弹珠可以保持直线滚动，比如中间有一条凹槽的尺子。或者，你可以把两把尺子并排对齐，构成一条直的通道

◆ 用胶带或黏合剂把通道固定起来

> 你可以自己一个人玩，也可以和很多人一起玩。

游戏玩法

❶ 把一排 3 颗弹珠放在通道中间，互相接触。

❷ 另取一颗弹珠放在通道上的不远处。

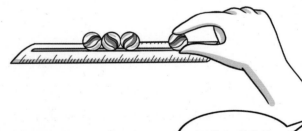

❸ 轻轻地弹动它，使它击中 3 颗弹珠末端的那一颗。停！在你弹动之前，请先停下来。你认为接下来会发生什么事？如果有人和你一起玩，或者身边有父母及兄弟姐妹，也问问他们对将发生的事情有何高见。

❹ 好了，现在动手吧！

> 得嘞，看我的！

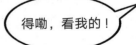

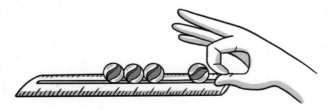

人们通常认为 3 颗弹珠全都会滚动起来。但事实上，如果你操作无误，只有另一端端头的那一颗弹珠才会滚动起来！

试试下面的玩法吧！

如果放置一排更多的弹珠，结果会如何呢？

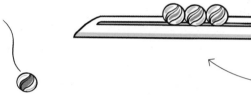

如果你把 2 颗弹珠一齐弹过去，又会怎样呢？

游戏中的科学

　　著名科学家艾萨克·牛顿和其他几位科学家在 17 世纪研究过这个游戏。

　　滚动的弹珠携带着运动能量（被称为动能）。能量首先被传递给弹珠列的第一颗弹珠，它又把能量传递给下一颗弹珠，如此反复。结果，只有最后的那一颗弹珠滚动开去，因为没有阻挡它的弹珠了。如果你一次弹动 2 颗弹珠，它们携带着更多的能量，将使末端的 2 颗弹珠滚起来。

太迷人了！

这个玩具被称为牛顿摇篮（牛顿摆），工作原理是一样的。

弹珠蹦床

你喜欢跳蹦床吗？让弹珠在这张迷你版的蹦床上跳起来吧！

哇！

自己尝试，或者发起挑战，和朋友、家人一起玩。

游戏玩法

❶ 为了制作迷你蹦床，你得为每个罐子或容器套一个气球。整齐地剪掉每个气球的颈部，就在它开始变宽的地方。

你需要什么？

◆ 几颗弹珠
◆ 一袋圆形气球
◆ 剪刀
◆ 几个旧罐子或小塑料食品盒（不要用精致昂贵的杯子或脆弱的玻璃杯，以防损坏）

❷ 在每一个罐子或容器口上蒙一个气球。把气球边缘向下拉紧，这样顶部就会拉伸绷紧，变得平整光滑。

❸ 把一颗弹珠落到迷你蹦床上，它就会反弹起来。试着从更高的地方落下弹珠，你能让它反弹到多高？尽量让弹珠落在迷你蹦床的中部，这样效果最好。

❹ 等你掌握了窍门，来试试以下这些挑战：

你能让一颗弹珠在同一张迷你蹦床上反弹几次？

你能让弹珠从迷你蹦床弹到塑料碗里吗？

你能把几张不同高度的迷你蹦床排成一列，让弹珠弹跳着"下台阶"吗？

游戏中的科学

迷你蹦床是怎么工作的？这正是能量科学的一个案例。当弹珠落在气球皮面上时，它的能量传递到气球皮面，使其伸展变形。这就把能量储存在了拉伸的气球皮面中。然后气球皮面反弹回来，又把能量"回馈"给了弹珠，如此反复……

嘣！

在真正的蹦床上，绕边缘一圈被拉伸的弹簧也会经历同样的过程。

嘣！

在黏液中赛跑

黏性是什么？你马上就会知道！这次又要用到弹珠——它们正要去潜水……

你需要什么？

◆ 至少 3 个同样大小的透明小罐子或玻璃杯

◆ 与容器相同数量的弹珠，弹珠的大小相同

◆ 选几种不同的液体，如水、洗洁精、洗发水或沐浴露、蜂蜜、食用油和盐水（温水加几茶匙盐，搅拌而成）

嘿！那是我的洗发水！

最好至少有 2 个人一起玩，这样，可以保证几颗弹珠同时落下去。

蜂蜜　　水　　油

游戏玩法

❶ 把你的罐子或玻璃杯排成一排。然后在各个容器中倒入不同的液体。比如你有 3 个罐子或玻璃杯，你就可以一个灌蜂蜜，一个注水，一个倒油。并且确保液体平面都在同一水平高度。

❷ 接下来，你将往每个罐子里扔下一颗弹珠。但在此之前，想一想，弹珠下沉的速度会有多快？猜猜哪一颗是第一，哪一颗是第二，哪一颗最后沉到底部。让其他玩家也猜一猜。

❸ 现在，在朋友的帮助下，把 3 颗弹珠分别置于 3 个罐子的正上方同等高度。

数到三，放手！

发生了什么事？你猜对了吗？

游戏中的科学

当你把液体倒进罐子时，你会注意到有些液体比另一些更黏稠，流动更缓慢。科学家将这种现象称为黏性。液体越黏稠，倾流得越缓慢，物体在其中穿行的速度也越慢。

液体的黏性取决于它的制作材料、原子和分子之间的紧密程度。

气球火箭

5、4、3、2、1，气球发射了！

你需要什么？

◆ 人手一个气球

◆ 大量细弦线或强力线

◆ 纸吸管（或者自己用纸卷成的中空细管）

◆ 剪刀

◆ 胶带

◆ 固定的结实物体，用以系住弦线，如衣钩，楼梯扶
  手或窗户锁（不要使用家具，因为它可能会移动）

游戏玩法

❶ 如果你的吸管有弯曲
的部分，把它剪掉，只
留下笔直的部分。

参与者无论多寡，
都会其乐无穷！

❷ 找位大人帮你把弦线
的一端系在固定的物体
上，比如楼梯扶手。把
吸管套在弦线上，然后
把弦线的另一端系在别
的地方。要确保弦线拉
得又紧又直，可以是水
平的也可以是倾斜的。

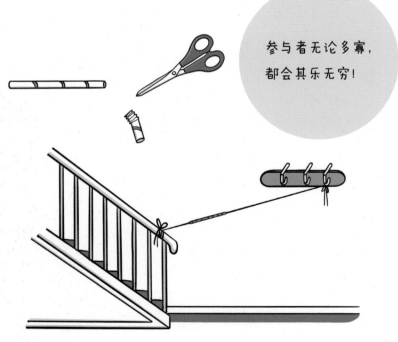

❸ 吹起一个气球，然后把气球口捏紧（也可以用衣夹或食品袋夹把气球口夹住）。用胶带把气球附着在吸管上。在这一步你可能需要找人帮忙。

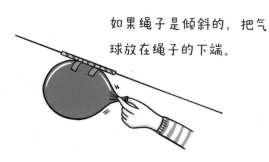

如果绳子是倾斜的，把气球放在绳子的下端。

❹ 准备好起飞，放手（也可能是松开夹子）！

确保气球的开口对着绳子的端头。

嗖！

气球火箭将沿着绳子飞驰而去。

也试试这个！

如果你有足够的空间，你可以把两根弦线并排放置，来一场火箭比赛！或者用尽量长的绳子，看看你的气球火箭能飞多远。

游戏中的科学

当气体从气球中喷出时，气球和气体会相互推开。

气球被推向这个方向……

……因为气体被推向了另一边。

当真正的太空火箭燃料燃烧时，也会发生同样的事情。

火箭则被推向天空……

……大量气体从火箭中向下喷射！

魔瓶潜水员

制作一个迷你"潜水员"，它可以在装满水的瓶子里上浮下潜，而不需要任何外在物接触到它——就像被施了魔法一样！（不过，这不是魔法，这是科学！）

你可以自己做，也可以团队合作。

游戏玩法

❶ 在你的瓶子里注入自来水，灌满。最好把瓶子放在水槽里灌，以免水花四溅。

❷ 用你的滴管吸一点水，吸至滴管的一半。

你需要什么？

◆ 一个有螺旋盖的透明大塑料瓶

◆ 水

◆ 眼药水滴管

❸ 把滴管放进瓶子。这位"潜水员"应该沉浮于顶部附近。这时可能会有一点点水从瓶子里溢出——没关系。

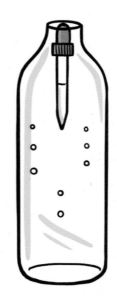

❹ 把瓶盖拧紧。

❺ 为了让"潜水员"潜水,用一只手或两只手握住瓶子,轻轻地挤压它。如果没有动静,再加力挤压。这种操作会使"潜水员"潜到瓶底……

❻ 当你放手时,"潜水员"又会浮上来!

游戏中的科学

它的工作原理是什么?当你挤压瓶子时,水会挤压"潜水员"体内的空气,减少空气所占的空间,使得"潜水员"的密度增大,即相对于它的体积而言变得更重,于是它会沉下去。当你释放压力时,空气膨胀并再次占据更多的空间——"潜水员"就会上浮!

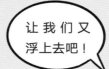

让我们又浮上去吧!

重力竞猜

如果两个物体同时落下，一轻一重，哪一个会先触地？为什么？

可以独自玩，也可以向朋友或家人发起挑战，让他们猜猜会发生什么。

当心！

古希腊学者亚里士多德说，较重的物体会先触地。

但在 16 世纪，有意大利科学家表达了不同意见。他们尝试让不同尺寸和材料的铁球同时落下，看哪个会先触地。

据报道，他们是在比萨斜塔上做的这个实验！

你需要什么？

◆ 纸
◆ 金属硬币
◆ 剪刀
◆ 2 个相同的小盒子，
　 如火柴盒或带盖子的
　 小食品盒

游戏玩法

❶ 在没有风的室内
进行。

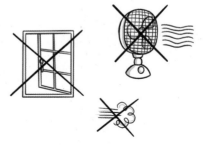

❷ 把纸剪成与硬币
大小相同的圆片。

❸ 把硬币和纸圆片
举起，保持相同的
高度。

❹ 数到三，然后确保同时松手。

❻ 你可以将纸片和硬币分别放入 2 个相同的小盒子中，再次测试下落时间。现在它们的重量仍然不同，因为纸片仍然较轻，但，这次它们的外形是完全相同的。

❼ 再重复一次上面的落体实验，看看会发生什么！

❺ 纸圆片到达地面所需的时间要长得多——这是为什么呢？是因为它的质量不同吗，就像亚里士多德说的？

游戏中的科学

　　当物体在盒子里时，它们应该同时落地。这是因为重力将以相同的加速度拉动物体，无论它们是大是小、是轻是重！纸圆片在第一次实验中下落较慢的原因是空气阻力。较轻的纸片下落较慢，是因为它会被空气往上推，就像降落伞一样。但假如没有空气，纸片就会笔直地坠向地面，就像硬币一样。

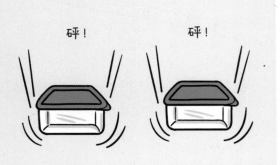

砰！　　砰！

蜡烛跷跷板

借助火焰之力，做一个能自己上下翻动的跷跷板。

你需要什么？

◆ 一个大托盘（可以用烤盘）

◆ 2 支相同的、未使用过的生日蜡烛

◆ 胶带

◆ 一根缝纫针（尽量用长一点的）

◆ 2 个相同的玻璃杯

◆ 火柴或打火机

但凡做任何有蜡烛或火焰的实验，务必让一位成年人看着你并协助你。

游戏玩法

❶ 把 2 支蜡烛的底部对接在一起，如图所示，用胶带把它们缠起来，牢牢地固定。

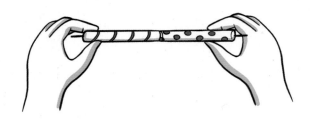

❷ 请一位成年人把针从胶带中间穿过去，正好在 2 支蜡烛的连接处。

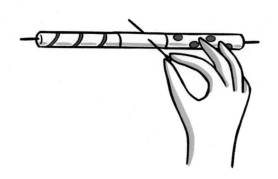

❸ 把你的2个杯子放在托盘中间，相距约2.5厘米，然后把针架在2个杯子之间取得平衡。

❹ 然后请一位成年人点燃2支蜡烛——先点一支，几秒钟后再点另一支。

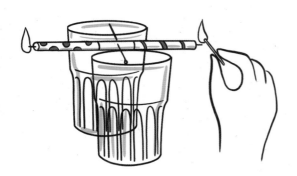

❺ 坐下来看看会发生什么！

游戏中的科学

　　如果操作成功，蜡烛就会开始玩跷跷板了。每支蜡烛燃烧时，蜡会熔化并滴到托盘上。每当一端的蜡熔化滴落，这一头就会变得稍微轻一点，另一头就会向下运动——然后它的蜡也滴落了，它又会向上移动。

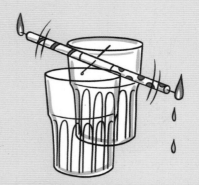

　　这个跷跷板并非自发启动。运动仅仅是因为点燃了蜡烛，蜡熔化破坏了平衡。

记住！

不要让你的蜡烛跷跷板在没人的情况下燃烧，并确保在蜡烛燃烧到胶带前将它们吹灭。

15

神奇的紫甘蓝汁

又到猜谜游戏的时候了！你会惊讶地看到，紫甘蓝汁会当着你的面从紫色突然变成粉色或蓝色。

你可以自己做这个实验（当然是在大人的协助下），也可以和朋友、家人一起做。

游戏玩法

❶ 先将紫甘蓝撕成碎块，然后放在碗里。请成年人帮忙加入开水，直至刚好能浸没菜叶。

❷ 用木勺将菜叶在水中挤压捣碎，这一过程大约花费 5 分钟。

❸ 请成年人帮忙把菜汁过滤到罐子里，菜汁会是深紫色的。该过程安排在厨房的水槽里做最好，以防水洒出来。

你需要什么？

◆ 一颗小小的紫甘蓝
◆ 一个大碗
◆ 木勺
◆ 筛子或过滤器
◆ 大水罐
◆ 4~10 个透明的或白色的小玻璃杯，或一般容器，纸杯也行
◆ 测试物质，如柠檬汁，醋，小苏打，盐，糖，牛奶，碳酸饮料，或洗发水

这里涉及开水，所以你需要成年人的协助。

❹ 在小玻璃杯或容器里盛一半紫甘蓝汁。

❺ 为了测试不同物质，将每种物质分别放入盛有紫甘蓝汁的容器中。在把它们放进去之前，试着预测一下会发生什么。

❻ 如果是液体，比如柠檬汁，可以先滴入数滴，若无变化，再一点一点地增加。

游戏中的科学

紫甘蓝的深紫色菜汁是一种天然的pH值指示剂。当它与不同类型的化学物质混合时，就会发生变化。酸性物质，如柠檬汁和醋，会将它变成粉红色或红色；碱性物质，比如小苏打，会把它变成蓝色或绿色。

科学家们使用这样的指示剂来找出酸性或碱性的化学物质。

❼ 对于像小苏打、糖或盐这样的固体，加入几茶匙并搅拌。

有些没有变色。

你会发现有些物质使菜汁变成了粉红色。

而其他的也可能把菜汁变成蓝色甚至绿色。

❽ 当你尝试加入更多的物质时，你是否能对其结果做出准确的预测呢？

飞机发射器

把一张纸变成一个简易的飞行器，然后把它发射到空中！纸片上折叠出的倾斜面提供了上升力。

你可以独自玩，也可以为身边的每个小伙伴制作一个发射器，比比谁的飞得高。

游戏玩法

❶ 经测量后剪出一个长约 10 厘米，宽约 5 厘米的矩形薄纸板，折叠两个对角。

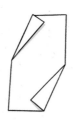

你需要什么？

◆ 薄的手工卡纸板，或如麦片盒一类的食品包装盒

◆ 尺子

◆ 剪刀

◆ 3 支新的削尖的长铅笔

◆ 强力胶带

❷ 现在拿出 3 支铅笔，在铅笔的末端缠上胶带，把它们牢牢地绑在一起，如图所示。

❸ 把 2 个铅笔尖对准纸板的中间，画出两个点。用剪刀的尖端小心地在点所在的位置钻出 2 个小孔（如果有需要，可以请大人帮忙）。

❹ 使用发射器时，将 2 支铅笔指向上方，让铅笔尖插入两孔将纸板顶起来，以保持平衡。

❺ 用手掌夹住底部的一支铅笔，快速搓动，让发射器旋转。

发射器只会在一个方向上产生推动力——你必须弄清楚是哪个方向！

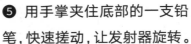

迷你转轮

如果你只有几分钟的时间，可以做一个小一点的转轮。

游戏玩法

❶ 测量并剪出一张纸，长 12 厘米，宽 5 厘米。

你需要什么？

◆ 纸　　◆ 铅笔　　◆ 小回形针

◆ 尺子　　◆ 剪刀

---

❷ 用铅笔和尺子在纸上面画几条直线，如图所示。

❸ 然后用剪刀沿着这 3 条直线剪开。

❹ 在纸的下面部分，将两边朝内对折；将底部向上折叠，然后用回形针固定。

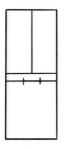

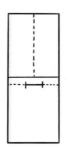

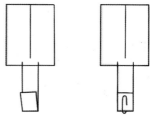

❺ 然后把上面部分的 2 个褶片朝相反的方向折叠。

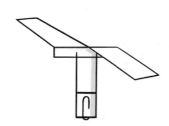

❻ 想让它旋转，松手即可！

磁学小测验

你知道哪些东西会吸附在磁铁上吗？是时候来测试一下了……

游戏玩法

❶ 把收集到的物品堆放在一起。

被吸引	不被吸引
硬币	

❷ 然后每人取一张纸，写下两列清单——能被磁铁吸引的东西，以及不会被吸引的东西。

❸ 每个人都完成以上工作后，用磁铁触碰这些物品来进行测试。磁铁会吸引哪些物品？你答对了多少？

你需要什么？

◆ 一块磁铁

◆ 铅笔和纸

◆ 选择一些日常用品，例如：

铅笔	塑料块
橡皮擦	绳
硬币	画笔
回形针	卷尺
茶匙	弹珠
剪刀	

游戏中的科学

　　磁铁只吸引少数特定的物质。最常见的是铁、钢（主要由铁构成）和另外两种金属：钴和镍。例如，一枚硬币会粘在磁铁上，如果它含有大量的镍；但如果它是由铜制成的，就不会被磁铁吸引了。

你抓不到我！

沉浮之间

这个游戏与前面的一个游戏相似，但这次你要测试的是谁会浮起来。

最好是两个或更多的玩家一起玩。

游戏玩法

❶ 收集你的物品。每个人都得列出他们认为会沉到水里的物品，以及会浮起来的物品。

❷ 当每个人都准备好了，往水槽里放水，直到大约 7 厘米深。

❸ 一次放入一个物品，将每个物品轻轻地放入水中进行测试。谁答对了？

❹ 数一数，看谁答对的次数最多，谁就是优胜者！

你需要什么？

◆ 厨房的水槽，或者一个大碗
◆ 水
◆ 选择一些允许被浸湿的物体，例如：

橡皮擦	弹珠
硬币	骰子
茶匙	木块
塑料块	卵石

游戏中的科学

如果物体的密度（即质量与体积之比）比水小，物体就会浮起来。举个例子，如果一粒木骰子比同样体积的水轻，它就会漂浮起来。密度最小的材料，如软木，浮得最高。密度大的物体就会下沉！

2 多人科学游戏

沉船计划!

你的造船技术如何？来，设计并制造一艘能坚持到最后才沉没的船！

这是一个双人或多人的游戏。

游戏玩法

❶ 如果你用的是水槽或浴缸，往里面注水到 10 厘米深的位置。如果你用的是碗，把它放到浴室或厨房的地上，或者移至户外，这样即使有水溅出来也无妨。然后加水至 10 厘米深的位置。

你需要什么？

◆ 厨房铝箔纸
◆ 剪刀
◆ 卷尺或直尺
◆ 水槽或浴缸，或一个大塑料碗
◆ 水
◆ 许多硬币、弹珠、回形针或其他重物

如果你需要使用浴缸，确保有一个成年人在旁边协助。

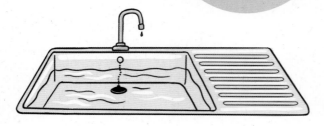

❷ 为每位玩家剪下或撕下相同长度的铝箔纸。30 厘米左右就比较合适。

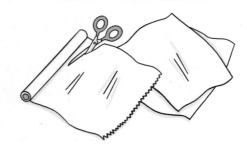

❸ 现在来说说船的事！每个人都需要通过折叠铝箔纸来进行造型操作，制作一艘能在水上漂浮的小船。争取做一艘最坚固的船，一艘能承受尽可能多的重量而不沉没的船！

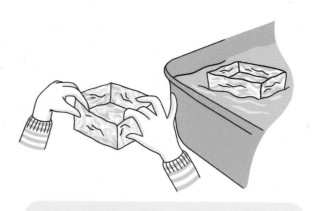

❹ 当每个人都做了一艘船，让它们漂浮在水面上。

❺ 给每艘船都装载上相同质量的物品，比如相同类型和大小的硬币。数到三，一起把重物放上船。

❻ 继续这么干，把更多的货物装上船。你可以使用不同类型的重物，但为了公平起见，各船所加的重量都必须相同。

和鱼一起游泳！

最终，船将开始下沉。哪一艘会是最后浮在水面上的船？

游戏中的科学

为了能浮起来，船的平均密度（总质量与总体积之比）必须小于水。金属箔是由金属制成的，金属的密度原本大于水，但当你把它做成船形时，船内的空气会拉低它的平均密度，所以它会漂浮在水面上。

增加载重即会增加密度，直到船再也不能漂浮。试着把载重物均匀地分散到船的四周，这样它就能最大限度地保持平衡，直到最后一刻才下沉！

单摆保龄球

如果你曾经玩过 10 瓶制保龄球，你就会知道，一次就把全部球瓶都撞倒是很难的。但，如果把球挂在绳子上，也许会容易些……

这个游戏适合 2 个或 2 个以上的玩家。

你需要什么？

◆ 绳子
◆ 剪刀
◆ 门框
◆ 胶带、图钉
◆ 小球，如橡胶弹力球或网球
◆ 6~10 个可用作立柱的纸筒或空塑料瓶

游戏玩法

❶ 剪一根 2 米长的绳子。把它的一端绑在球上，用胶带确保绳子和球被牢牢地固定住。

❷ 请大人帮忙把绳子的另一端固定在门框的中间。他们可以用胶带把它粘在门框上，或者用图钉（如果可以钉的话）。球应该悬挂在离地面约 10 厘米的地方。

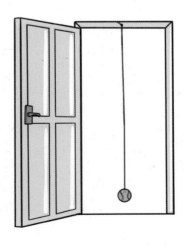

26

❸ 现在把球拉起到一边，把你的纸筒或塑料瓶竖在门口。你可以把它们排成一行，或者排成一个三角形。

❹ 玩的时候，拉起球，让它远离立柱，然后放开它或同时推它一下。这样做的目的是让球来回摆动，最后把所有的立柱都撞翻。

❺ 如果一次不成，试试看多少次才能全部撞倒？

❻ 为每位玩家放好立柱，看谁能用最少的次数把所有的立柱都撞倒。

游戏中的科学

　　把球系在绳子上，这个装置被称为摆。如果你让球直线运动，它就会在一条直线上来回摆动。这时如果你把它往旁边轻轻推一下，它就会以椭圆的轨道运动，这可能会击中更多的立柱！

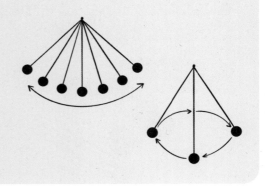

指弹硬币

给自己找块厚纸板。来玩传统的弹硬币游戏。

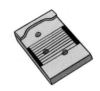

你需要什么?

- 一大块厚纸板
- 尺子
- 马克笔
- 剪刀
- 5枚硬币,大小和类型都一样
- 记录得分的纸

游戏玩法

❶ 在纸板上画出一个长方形,长50厘米,宽13厘米(如果你的纸板没那么大,你可以稍微把它做小一点)。小心地把长方形剪出来(如果你愿意,可以找大人帮忙)。

这个游戏可以2个人玩,也可以组队玩。

❸ 现在用这个结果来测量,并在长方形板中间画出11条直线。如果你前面的结果是25毫米,则直线间分开的距离为25毫米。

起始端

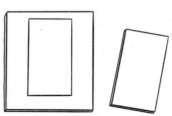

❷ 现在测量硬币的直径。把测量结果写下来,外加6毫米,例如:

19毫米 + 6毫米 = 25毫米

从中间开始用马克笔画线,然后往两边加线,直到画完11条线。

沿纸板边缘填涂两条1厘米宽的条带。

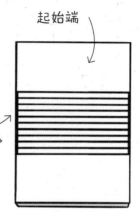

❹ 把 5 枚硬币全都放在长方形纸板的起始端。

❺ 用手指推或弹硬币，一次一个，让硬币滑过横线。

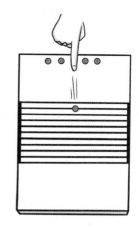

❻ 争取把硬币推入横线与横线之间的空隙，不要碰到线。如果一枚硬币压在了线上，试着用下一枚硬币瞄准它，弹过去，把它推进空隙。

❽ 当你把 5 枚硬币都推入之后，数一下有多少枚硬币处于两横线之间，然后记下你的分数。

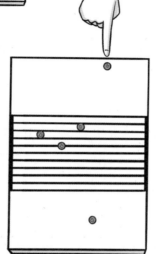

❼ 如果一枚硬币滑过了最后一条横线，它就出局了。

❾ 现在轮到下一位选手了！

游戏中的科学

这个游戏是靠摩擦力来玩的。当物体相互摩擦时，摩擦力会使物体减速或停止运动。当硬币在纸板上滑动时，摩擦力会使它们减速并最终静止。你必须用恰如其分的力量，使它们能停在恰当的地方！

定向弹珠

你能用一颗弹珠撞击另一颗弹珠来控制它的走向吗?

2 个人玩最好。

游戏玩法

❶ 把纸张或薄纸板放在平整的表面上。

❷ 测量并剪出 5 条纸片,每条约 5 厘米宽,15 厘米长。

❸ 把这些条状纸片折成弯曲的形状,并把它们粘在纸面的一端做成一排小目标。

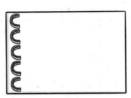

❹ 现在,在纸面上画 2 个小圆圈,一个在中间,一个在空的一端。

在每个圆圈里放一颗弹珠。

❺ 在每一个回合,一位玩家先从 5 个目标中选定一个,他须轻弹末端的弹珠,用它击打中间的弹珠,使其击中选定的目标。

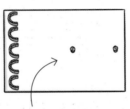

你需要什么?

◆ 平整光滑的表面,如餐桌
◆ 大块平整的纸或薄硬纸板
◆ 厚纸板,如旧包装箱
◆ 尺子
◆ 剪刀
◆ 胶带
◆ 钢笔或铅笔
◆ 至少 2 颗弹珠

轮流玩,看谁的得分最高!

游戏中的科学

为了让中间的弹珠朝正确的方向运动,你必须以恰当的角度击中它。当你让第一颗弹珠从侧面擦过中间弹珠时,就会把中间弹珠往相反的方向推,如图所示。

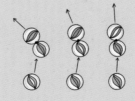

这需要多加练习才能得心应手——不断尝试吧!

挑圆片

用大圆片压小圆片的边缘，让它翻转着跳起来，然后落入目标容器！

你需要什么？

◆ 用作靶子的小碗

◆ 游戏用塑料筹码，或扁平的塑料纽扣

游戏玩法

❶ 你要做的就是拿一个筹码或纽扣当"眨眼"，然后用另一个筹码或纽扣当"乌贼"。用"乌贼"在"眨眼"的边缘上挤压它，让"眨眼"在空中翻转起来。

这个游戏供可多人玩耍。

❷ 等你掌握了窍门，瞄准目标，看能弄进去多少个"眨眼"！

游戏中的科学

当你压一个圆片的边缘时，由于被挤压，它会后翻并跳起来！

磁铁足球

这是一个双人游戏。

这个简易的魔法磁铁足球赛，可以让你小试身手。

游戏玩法

❶ 拿起纸板箱，选一个平整、光滑、没有褶边或缝隙的表面。沿此表面四周，在箱子上画一条线，距离表面边缘约 5 厘米。

❷ 沿着线小心地把选定的表面剪下来。用胶带固定任何松动的部分。这就是你的足球场！如果你喜欢，你可以用线条来装饰一下足球场，如图所示。

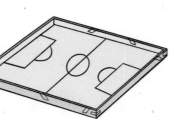

❸ 用剩下的纸板，剪出 6 个直径为 4 厘米的圆。3 个为一组，把它们重叠地粘在一起作为"球员"。用马克笔把一个"球员"涂成红色，另一个涂成蓝色。

你需要什么？

◆ 纸板包装箱
◆ 小纸盒
◆ 黑色、红色和蓝色马克笔
◆ 剪刀
◆ 胶带
◆ 2 把尺子
◆ 胶水
◆ 4 个强力圆盘状磁铁
◆ 一颗弹珠

❹ 在每位"球员"下面绑定一块磁铁，在每把尺子的末端也绑定一块磁铁。确保尺子上的磁铁和"球员"会相互吸引，如果不对，就把尺子上的磁铁翻转过来。

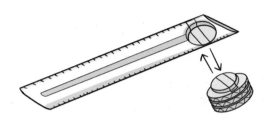

❺ 将小纸盒剪成两半，分别做成2个球门。把它们粘贴在足球场的两端。

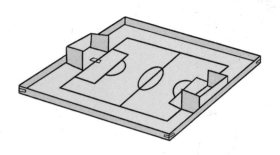

❻ 让一位成年人帮你在每个球门后面的盒子上开一个槽，足够尺子进出。

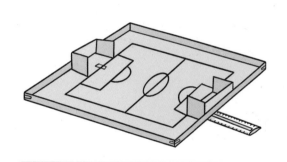

❼ 现在，每位玩家选择一名"球员"，然后用它们的尺子在足球场下面控制它。在场地中间放一个弹珠，争取用你的"球员"把球送进对方的球门（当然，同时也要防守你自己的球门）。

游戏中的科学

　　磁铁看似有魔法，其实不然。一切物质都是由大量微小的原子构成的，每个原子都有自己的微小磁力。在大多数材料中，这些小磁力的指向各不相同，于是相互抵消了。但在磁铁中，原子的小磁力基本指向同一个方向，这样一来总磁力就加强了，足以吸引其他磁铁以及某些金属。

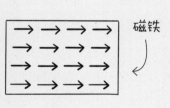
磁铁

非磁铁

晃动的交接

你能控制晃动完成弹珠交接吗?

这个游戏适合 2 人玩耍。不是要你们互相对抗,而是要通力合作。

你需要什么?

◆ 2 根又长又细的棍子,如花园里的竹竿。长度大约为 1 米

◆ 2 个小塑料容器,比如空的甜点盒

◆ 几颗弹珠

游戏玩法

❶ 拿一个容器,把它绑定在棍子的一端。

最简单的方法是用胶带把棍子的端头固连在容器的侧面或底部,然后用更多的胶带对其加固,将容器和棍子紧紧地绑定在一起。

❷ 另取一个容器和一根棍子,如法炮制。现在可以人手一副工具了。

如果棍子有一端较细,就把杯子绑在那一端。

把容器的开口处清理干净。

向你发起一个东倒西歪的交接!

34

❸ 游戏的内容是玩家仅凭一根棍子把弹珠传给另一位玩家。听起来简单，做起来却不容易！

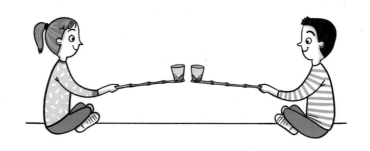

❹ 面对面坐着，使你的棍子刚好够到对方。

❺ 玩家把弹珠放在自己的容器里，然后努力把它倾至对方玩家的容器里。要做到这一点，双方都需要一只超级稳定的手！

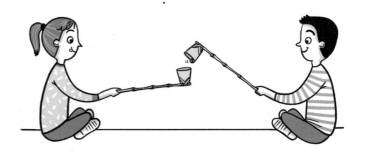

游戏中的科学

为什么这么难？原因是当你手握棍子时，棍子就像一个杠杆。你稍微调节一下棍子的方位，棍子的另一端就会晃动得很厉害！

这使你很难保持棍子的另一端稳定。而2个人同时控制不同的棍子，实现交接真是一项不小的挑战。但这是可以做到的！试试看你做这件事需要多长时间。再试一次！

稳住……稳住！

种子设计师

是什么帮助种子随风飘散？试试自己动手设计来找出答案。

这个游戏是为2名玩家准备的，如有多人，可以组队参与。

随风飘散

你可能注意到，植物的种子经常随风起舞。这有利于它们长途迁移，远离它们的母本植株，去到更宽阔的新天地，茁壮成长。这些种子通常长有翅形或蓬松的部分，以助其乘风而去。

以下是一些实例……

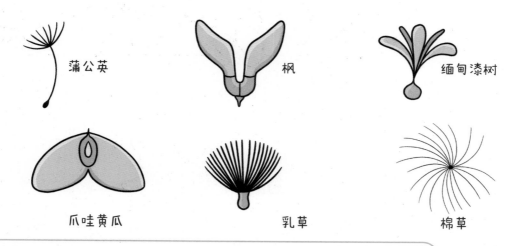

蒲公英　　枫　　缅甸漆树

爪哇黄瓜　　乳草　　棉草

你需要什么？

◆ 非常小的木头或塑料制作的纽扣，空心珠。要求大小和形状相同，充当"种子"

◆ 薄而蓬松的材料，如棉绒、保鲜膜、薄纸和羽毛

◆ 缝纫线

◆ 剪刀

◆ 胶水

◆ 电风扇或吹风机

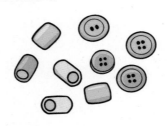

游戏玩法

❶ 给每个人 5 颗珠子或纽扣"种子"。游戏者须给每颗"种子"添加些其他材料，给它做一个蓬松的降落伞、翅膀、或诸如此类的东西，这有助于它们捕获风。

❷ 完成后，待胶水干透，就将你的"种子"付诸测试吧！

❸ 打开风扇，轮流将"种子"撒向风中，看看它们能飞多远。

尝试几种不同的设计。

你可以用线将材料绑在珠子或纽扣上，用胶水也行。

线或胶水不宜用得太多，否则会使珠子或纽扣过重。

胜出的"种子"是谁设计的？

呜!

游戏中的科学

种子蓬松的部分或扁平的薄翼，给了风更多的接触面，帮助种子在落地之前飞得更远。

纸折气垫船

用纸折出气垫船，然后对着它们吹气，让它们快速前进。

这是一个多人游戏。

你需要什么？

◆ 纸

◆ 剪刀

◆ 光滑的地板或桌子

游戏玩法

❶ 每位玩家都要制作一艘气垫船来参赛。用一张平整的纸，如果它不是正方形，按对角折一下，然后把剩下的末端切掉，即可形成一个正方形。

❷ 现在把正方形纸对折成三角形。

❸ 把这个三角形再对折一次，形成一个更小的三角形，再把它打开回到大三角形状态。

 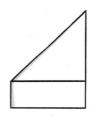 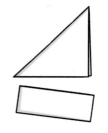

❹ 把两边折到中间，做成风筝的形状。

❺ 把褶叶折起来，再把它翻转过来，你的气垫船就准备好了！

 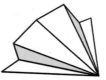

❻ 现在让气垫船排成一排，准备开始比赛。每位玩家都应该站在他们的气垫船后面。

也试试这个！
你可以用吸管或纸管向气垫船舱内吹气。看看能不能使它们跑得更快，更远？

❼ 数到三，向气垫船后面吹气。它们将迅速滑离——跑得最远的就是赢家！

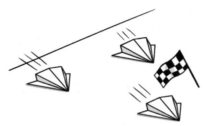

游戏中的科学

　　真实的气垫船使用风扇将空气泵入船体下部。空气向下注入，并在边缘处向后喷射而出，这将使气垫船抬升，同时在水面或地面上滑行。

　　纸质气垫船更简单，但它们的工作方式相似。当你向气垫船吹气时，空气就会在内部积聚。为了"逃逸"，空气向下推压，并在气垫船的边缘下方"逃逸"，于是气垫船稍微离开地面。没有地面的摩擦力，它可以滑得更远！

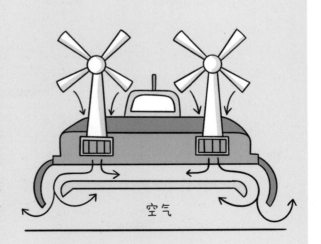

空气

水漫金币

一枚硬币能盛下多少滴水？那可能是出乎意料的多……

这个游戏最适合 2 个或 2 个以上的玩家。

你需要什么？

◆ 每人一枚硬币（硬币的重量和大小要相同）

◆ 每人一个盘子，用来接溢出的水

◆ 吸管或小画笔

◆ 一杯水

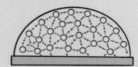

游戏玩法

❶ 每个人都把硬币放在自己面前的盘子里。

❷ 每个人都用吸管或画笔从杯子或罐子里蘸一点水，然后小心翼翼地把它滴到硬币上。

❸ 一开始你还有充裕的空间，但很快你的硬币就被水覆盖了，它开始鼓起来，形成一个气泡状的穹顶。

❹ 在水最终从你的硬币上溢出之前，你能持续滴多少水？谁在硬币上滴的水滴最多？

游戏中的科学

水之所以能形成一个圆穹顶，是由于所谓表面张力。水中小小的分子之间存在微弱的相互拉力。在水的内部，分子受到的拉力来自四面八方。但在水的表面，分子只受到拉向水内部这一侧的力。这就将表面水分子拉得更加紧致了，它们仿佛形成了一层皮肤，将内部的水分子连在了一起。

竞游的鱼

2个或2个以上的玩家。

表面张力是这些鱼四处竞游的原因!

你需要什么?

◆ 厚纸板

◆ 大而浅的方形托盘

◆ 肥皂水或洗发水

◆ 每人一根筷子或火柴棍

◆ 水

◆ 一个小碟子

◆ 铅笔和剪刀

游戏玩法

❶ 把托盘放在地板上或桌子上。向托盘中注水,直到大约1厘米深。

❷ 为每个人画出并剪出一个纸板或卡纸板鱼,在鱼的尾部切一个缺口。

❸ 小心地把鱼放在水里,在托盘的一端排成一行。

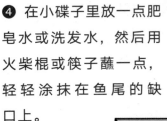

❹ 在小碟子里放一点肥皂水或洗发水,然后用火柴棍或筷子蘸一点,轻轻涂抹在鱼尾的缺口上。

谁的鱼在水里游得最快?

游戏中的科学

由于表面张力,液体表面的水分子会相互拉拢。但鱼尾的肥皂水破坏了表面张力,阻止了它的拖拉作用。在这种情况下,与鱼尾相对的鱼头处的水分子的拖力就占据了优势,鱼便随之前行。

体验太空服

当宇航员进行太空行走时，他们必须戴上头盔和手套，穿上笨重的宇航服，这使得像修理宇宙飞船这样的复杂工作变得非常棘手。

这个游戏可供 2 个或 2 个以上的人玩耍。

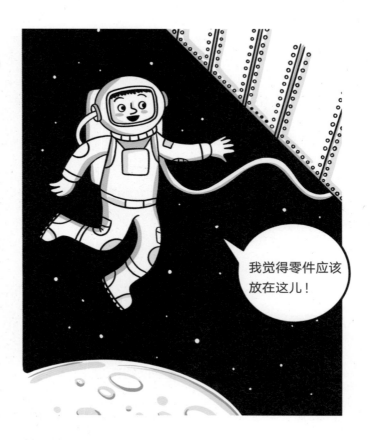

我觉得零件应该放在这儿！

你需要什么？

◆ 大纸箱
◆ 剪刀
◆ 胶带
◆ 羊毛帽
◆ 3 副手套
◆ 计时器
◆ 任务中所需用品：
　一个带螺旋盖的罐子或容器，内有 3 枚不同的硬币
　积木
　针和线

游戏玩法

❶ 制作你的太空头盔。在大纸箱的某一面上剪一个洞，戴上后可以从里面往外看（不要把纸箱戴在头上剪）。

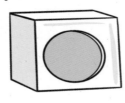

❷ 每个玩家轮流戴上羊毛帽、太空头盔和 3 副手套，并尝试完成以下 3 个任务。

拧开罐子，取出硬币，把它们从小到大排成一列。

用积木建一堵小墙或小塔。

穿针。

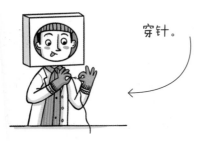

❸ 计时，看哪个玩家能在最短的时间内完成以上任务。

游戏中的科学

为什么这么难？可能你没注意到，在日常生活中，你一直依赖触觉来帮助自己握住和操控物品——尤其是你的手指。一旦戴上手套隔绝了触觉，就很难完成此类棘手的任务了。

我们大多数人还依靠视觉来帮助我们完成棘手的任务，所以，被一个大头盔横挡住视线可不是什么好事儿！

我们的手指含有成千上万的触觉神经，帮助我们感觉和控制物体。

糟糕！弄掉了！

也试试这个！

你不必拘泥于以上这些任务。试着打开一个食品包装袋，系鞋带，或者用笔写字，感觉怎么样？你还能想到些别的吗？

3　科学挑战

纸筒的挑战

这个挑战看似简单，实则不易。

你可以自己玩，也可以和其他玩家一起玩。

你需要什么？

◆ 纸筒
◆ 坚硬、平整的表面，如书桌或餐桌

游戏玩法

❶ 你要做的就是在桌子上方 30 厘米的地方稳住纸筒，然后放手。

❷ 挑战让纸筒能直立在桌子上。看看 10 次中你能做到几次，可以和朋友们比赛一下。

❸ 这是有诀窍的！一开始，握住纸筒让其与桌面平行。

❹ 然后让纸筒稍稍倾斜。

❺ 当你放手之后，它应该侧面着陆，然后翻跳起来，稳稳地立在桌面上！

哒－哒！

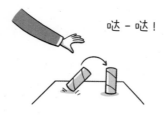

游戏中的科学

纸筒略有延展性和弹性。如果让它直接落下来以端头着陆，它会反弹起来，结果多半会摔倒。但如果它以侧面着陆，反弹力就会把它推到直立的位置。

硬币魔术

你能让硬币掉进杯子吗？是的，如果动作够快的话！

你需要什么？

◆ 扑克牌或明信片一类的卡片

◆ 硬币

◆ 一个杯子

独自尝试这个挑战，或者和朋友一起玩。

游戏玩法

❶ 把卡片放在杯子上，盖住杯口，然后把硬币放在卡片上居中的位置。

❷ 对你的挑战是：弹开卡片，让硬币坠落到杯子里。不得拿起卡片或使卡片变形——只是轻弹它。

❸ 成功秘诀是尽可能地用力弹卡片，并确保向侧面弹，而不是向上或向下弹。这一操作将使卡片射出，硬币留下。

❹ 一旦你掌握了这个技巧，试着在第一枚硬币上添加更多的硬币。你最多能加几枚？

游戏中的科学

这个技巧与摩擦力有关。摩擦力是在物体间相互摩擦时发生的，其作用在于降低物体间的相对运动，甚至制止这种运动；惯性则使物体能保持它原先正在做的事情。如果卡片移动缓慢，摩擦力就使它能抓住硬币，硬币会被卡片拖走。但如果卡片动得快，摩擦力就不足以带走硬币，于是，硬币就留了下来。

纸牌屋

纸牌屋是用纸牌搭建成的塔式结构，不掺和别的材料
——也不允许用胶水或胶带！你的纸牌屋能搭到多高？

你需要什么？

◆ 一副或多副扑克牌
◆ 平坦的表面 (你可以使用餐桌或书桌，
  但有人发现地毯更有助于稳住卡片)

独自尝试，或与
别人比赛一番。

游戏玩法

❶ 先将纸牌相互斜
靠在一起，继而在顶
部平放纸牌，然后在
此基础上加高塔层。
这是最常见的方法。

啊呀！

❷ 继续添加卡片！
你的纸牌屋在倒塌之
前能建多高？

如果你把纸牌的长边
水平放置，建纸牌屋
会更难还是更容易？

游戏中的科学

不用胶水的话，纸牌能够各就
各位全靠重力和摩擦力。在纸牌相
互接触的地方，摩擦力使它们紧紧
"抓住"彼此。但这个力并不强大，
你必须非常小心地维持平衡。最终
在某个临界点，纸牌的重量太大，
整个纸牌屋就会倒塌。

杯塔

现在来应对一个简单的挑战：搭建杯塔！

你需要什么？

◆ 纸杯
◆ 计时器

游戏玩法

❶ 如果你有大量的纸杯，你可以建一座纸杯金字塔，高高益善。

  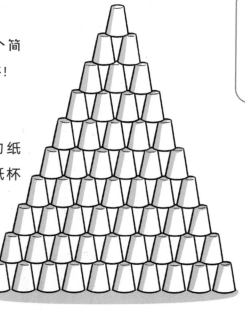

挑战自己，或与朋友家人比赛。

❷ 如果没有那么多杯子，你可以建一座小金字塔，这回要看谁建造得快。

❸ 也可尝试不同类型的塔，就像图中这个。你能建多高？

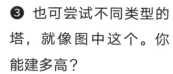

也试试这个！

还有其他类型的杯塔可以试一把吗？下图这个如何？

挑战纸桥

桥梁设计是一项重要的工作，因为要求桥梁在承重时不会坍塌。来试试这个纸桥挑战吧。

你可以独自建桥，也可以团队协作。

游戏玩法

❶ 将两张椅子或桌子分开约 30 厘米，要在这之间建桥。

❷ 现在着手考虑如何建桥。它必须跨越间隙，只接触桌、椅两边（不碰中间的地板）。一旦建成，它应该足够坚固，能支撑食品罐头的重量而不会破裂、坍塌或变形。

你需要什么？

◆ 纸（什么纸都可以）
◆ 两把相同高度的椅子或桌子
◆ 一个未开封的食品罐头
◆ 剪刀
◆ 胶带
◆ 绳子
◆ 额外的材料，如纸吸管、雪糕棒、管道清洁器，如果你有的话（可选项）

如果你愿意，你可以把建桥的设想画成草图。

以下是一些小窍门：

把纸卷成筒状会使它更结实。

折成之字形也
有一样效果。

如果一层纸不够厚，可以
把几层纸叠在一起。

❸ 当一切就绪，即可开始建造，最后
用食品罐头来测试其承重能力。

你可以在网上找
到一些著名桥梁
的照片……

…… 下次留意观察一下真正的桥！

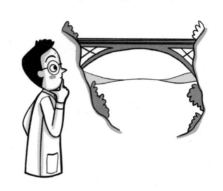

也试试这个！

一个更艰巨的挑战：看你能否
建一座纯纸质的桥——别的什么
都不用！这次你得用到纸筒、折
叠和包装等技术来把纸张整合
到一起，使其足够结实。

游戏中的科学

当有重物压在桥中间时，质量
合格的桥不会弯曲或断裂。你可以
把桥建得非常坚固，使其具有更好
的刚性。此外，你还可以增加一些
绳索和支架来维持桥的稳定。这就
是悬索桥的工作原理——它有维系
缆绳的塔，桥体就悬挂在那上面。

"跑起来"，多米诺骨牌

你知道，当你推倒了第一块多米诺骨牌，余下的都会跟着倒下，（如果你摆放适当的话）。你能摆出的最长多米诺骨牌有多长？

游戏玩法

❶ 为了让多米诺骨牌"跑"起来，把牌竖立摆放，站成一排。它们必须靠得足够近，使每一张多米诺骨牌倒下时，都会把下一张推倒。

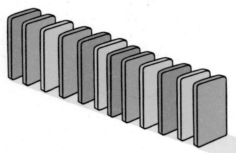

❷ 当你完成后，把第一张多米诺骨牌推倒，看它们是怎样"跑"起来的！

❸ 你也可以尝试不同的花样：

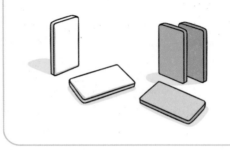

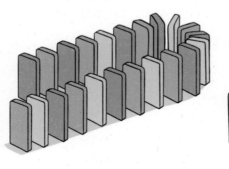

曲线

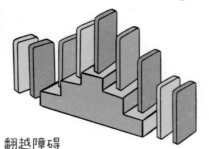

曲线一分为二

翻越障碍

你需要什么？

◆ 桌面或地板上一块干净、平坦的空间

◆ 多米诺骨牌

❹ 如果你有足够多的多米诺
骨牌，试着摆得尽量长。

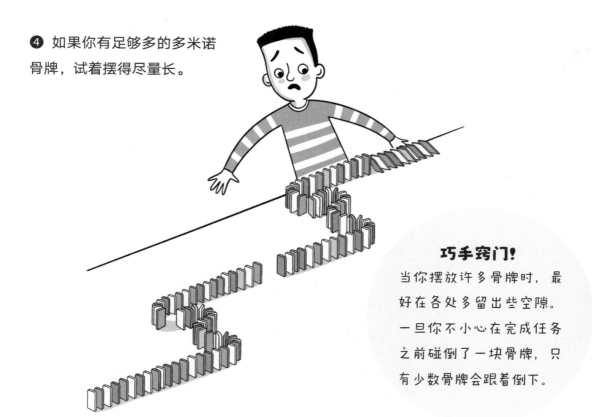

巧手窍门！

当你摆放许多骨牌时，最好在各处多留出些空隙。一旦你不小心在完成任务之前碰倒了一块骨牌，只有少数骨牌会跟着倒下。

游戏中的科学

　　为什么多米诺骨牌如此容易被推倒？这是因为它们具有又高又窄的形状，这意味着它们不稳定。只需轻轻一推，骨牌就会倒下，当一块骨牌倒下，整排多米诺骨牌也会随之倒下。

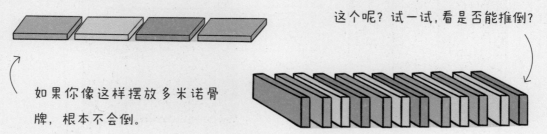

这个呢？试一试，看是否能推倒？

如果你像这样摆放多米诺骨牌，根本不会倒。

长臂抓手

你可曾幻想过自己一伸手就可以够到远处的东西？也许这个长臂抓手就是答案！

你需要什么？

◆ 瓦楞纸箱
◆ 长一些的针状物（如毛衣针）
◆ 开叉图钉或鸡尾酒棒
◆ 尺子
◆ 马克笔
◆ 剪刀

你自己很容易做到，也可以让一个小组来完成。来一场比赛吧，看谁能做出最长的辅助抓取器。

游戏玩法

❶ 先在纸板上画出并剪出 6 个长方形片。每一个大约 2.5 厘米宽，15 厘米长。将它们按照瓦楞纸板上的楞线排列，这样会使它们更坚固。

❷ 在另一张纸板上，画出并剪出 2 个与上述相同尺寸的矩形，但需把它们的一端画成抓手形状。

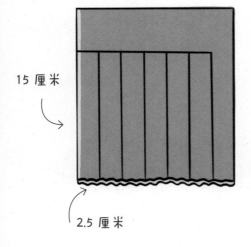

15 厘米

2.5 厘米

❸ 在成年人的帮助下，用针在所有纸板片的中间和末端打洞，如图所示。

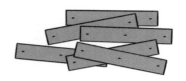

❹ 现在你可以把开叉的别针从洞里穿进去，把纸板片组装在一起。依次把2个纸板片以十字交叉的方式连接起来。

❺ 然后把所有的十字组装在一起。

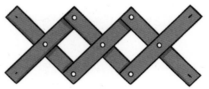

❻ 带抓手的纸板片作为最后一个单元。

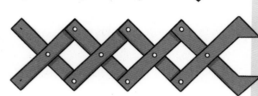

❼ 握住长臂抓手的起始端，几度开合，使它进入工作状态。

游戏中的科学

长臂抓手的每一个单元都会使下一个单元产生与自己相同的运动，因此它能将你的动作从一端传递到另一端。你不能把它做得太长，否则它会变得很重，难免产生弯曲或断裂。但你可以做得比图中这个更长。试试看！

鸡蛋落地的挑战

在这一个挑战中，你得让一个鸡蛋垂直落到地上。听起来挺简单，对吧？但是稍等片刻！你还得确保它不会摔破！

玩家数量不限，只要保证每个人有一个鸡蛋就成！

救命啊！

你需要什么？

◆ 每人一个生鸡蛋 (不要煮熟的鸡蛋——那是作弊！)

◆ 椅子

◆ 在地上放一块塑料布，以防弄得一塌糊涂

◆ 一系列手工材料，如：

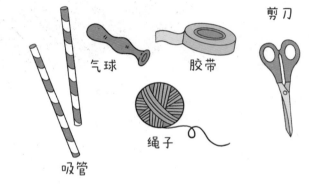

剪刀

气球   胶带

绳子

吸管

游戏玩法

❶ 每个人或团队都必须制作一种装置，以防止鸡蛋在落地时破裂。下面是一个例子：

鸡蛋在中间，周围是吸管做成的框架。

当鸡蛋落地时，吸管承受了冲击力，这样鸡蛋就不会摔碎了。

但这有效吗？说不定吸管会坍塌，引发一场鸡蛋大爆炸？

❷ 用不同的方法和材料做鸡蛋实验，让你的鸡蛋可以软着陆。待每个人都准备好了，测试你的设计。在相同高度让鸡蛋自由落体，看看结果如何！

测试不同花样的设计！

游戏中的科学

　　一般情况下，当你一松手让鸡蛋自由落体，它就会摔得"粉身碎骨"。想要鸡蛋不摔碎，有2种办法：

◆ 当它触地时，给它垫上或包裹上东西来缓冲着陆。

◆ 使用某种"降落伞"或"翅膀"，让它慢慢下落。

（或者尝试两者的结合）

木筏争渡

设想你被困在了一座荒岛上，做一个木筏可能是当务之急……为什么不在浴缸里来尝试一下呢？

多人玩耍最有趣。

你需要什么？

◆ 浴缸或充气泳池
◆ 剪刀
◆ 筏子上的玩具人物
◆ 建造筏子的材料，例如：

   树枝，雪糕棍，或者
   鸡尾酒棒

   软木塞

   绳子

   橡皮筋

   小瓶子、小管子或带盖的
   防水容器，比如维生素瓶

   吸管

   聚苯乙烯包装材料

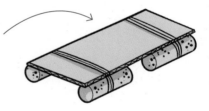

游戏玩法

❶ 在你的浴缸或充气泳池里放水，直至大约 10 厘米深。这是用来检验用哪种东西制作出的筏子漂浮表现最好。

❷ 现在着手试验和设计你的筏子。它需要一个能维持其漂浮的部件，还有一个让你的玩具人物可以坐立的平台。它应该又宽又平，这样它就不会翻倒。

空的密封瓶子、软木塞或聚苯乙烯很利于漂浮。

棍子或吸管可以做一个不错的甲板。

当你使用浴缸或充气泳池时，确保有一位成年人在旁边协助。

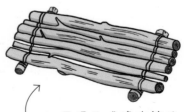

用绳子或橡皮筋将部件固连起来。

❸ 木筏准备好了，带上登船的小小人在水上试航一番吧。但愿他们不会落水！

终于逃离了！

也试试这个！

双体船是一种特殊船型，它由两个独立的漂浮件连接而成，会更加稳定。你能做一个这样的筏子吗？

游戏中的科学

　　就如本书提到的其他漂浮物一样，软木塞、空瓶子和聚苯乙烯之所以能漂浮，是因为它们的密度比水小。不过，当你加上了甲板、绳子或橡皮筋，它的密度就变大了。你必须在添加所需部件和保持筏子足够轻以便漂浮之间取得平衡。

纸板椅的挑战

在下面的挑战中，你要用纸板做一把你可以坐上去的椅子。

游戏玩法

❶ 首先，需要想清楚你的椅子要做多大。观察真实的椅子，确定座位的最佳高度和大小。

你可以自己一个人做，也可以团队合作。

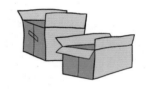

你需要什么？

◆ 纸箱或瓦楞纸板

◆ 尺子

◆ 马克笔

◆ 剪刀

◆ 胶带

◆ 胶水

❷ 现在想想椅子设计的事儿。它需要一个平坦的坐板，以及在下方顶起坐板的支撑体。大多数椅子都有腿，但用硬纸板做出的细腿够结实吗？

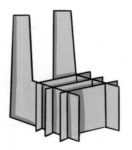

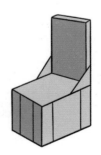

你想要加一个靠背，或者仅仅是一把简单的凳子？

❸ 尝试用不同的方式来使用纸板——折叠、卷曲、绑定或用胶粘成各种形状。看看你能想出些什么花样。

❹ 当你考虑周全，就可以着手制作椅子了，做好后坐在上面试一下。

游戏中的科学

　　纸板虽然看起来很柔弱，但如果使用方法得当，它可以变得非常坚固，足以承受一个人的重量。例如：

◆ 瓦楞纸板上的脊线会增加它的强度。当它们处于竖直方向时（脊线从上到下），纸板就会结实得多。

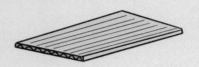

◆ 也可以把两张瓦楞纸板粘在一起，使各自脊线沿着交错的方向这样会使合成板更坚固。

◆ 三角形很稳固，因为三角形的 3 条边确定了互相的位置。如果你把纸板折成三角形，它就能承受更大的重量。

按照如图所示的形状制作椅腿，可以制作出一副结实的椅腿。

◆ 将纸板卷成管状也可以形成坚固的结构。

超级大泡泡

还有什么比泡泡更有趣的呢？超级大泡泡！

你需要什么？

- 安全的户外空间
- 大塑料碗或桶
- 2.5 升温水
- 1 升洗洁精

- 125 毫升甘油
- 细绳
- 剪刀
- 卷尺

- 2 根细竹竿

游戏玩法

❶ 把碗或桶放在室外，加入水、洗洁精和甘油。缓慢搅拌混合物，这样它就不会起泡，然后把它放在一边。

❷ 剪 2 条绳子：一条 1 米长，一条 1.2 米长。

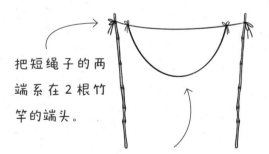

把短绳子的两端系在 2 根竹竿的端头。

把长绳子的两端系在短绳子上，靠近立杆处（你可能需要成年人帮你打一个又紧又结实的结）。

❸ 现在来制作泡泡！握住竹竿的一端，将绳子放入混合液中。然后再慢慢地将绳子提起来，把 2 根竹竿分开，张开绳子。

❹ 高高举起竹竿，迎风展开。你会收获一个巨大的泡泡！

网状泡泡

这回不做大泡泡，而是生成很多小泡泡。

你需要什么？

◆ 2 根细竹竿
◆ 更多的绳子
◆ 剪刀

游戏玩法

❶ 剪 8 条绳子，每条 1.2 米长。把它们系在竹竿顶部横着的绳子上，让它们等距分布。

❷ 每条绳子都系在其正中间，形成下垂的 2 条长绳。

❸ 然后在顶部向下约 10 厘米处，将每根绳子与相邻的绳子系在一起。

❹ 重复以上操作，直到你遇到竹竿上的另一根绳，把网线系在上面。

试试用这张网会生成什么样的泡泡！

游戏中的科学

肥皂中含有某种特殊的分子，一端粘在水上，另一端推开水。当你把肥皂和水混合在一起时，就会形成两面都是肥皂的水层。

像这样的肥皂水可以拉伸成薄膜，形成泡泡。

意面通天塔

尝试最古老的科学游戏，看看你能做出多高的意面通天塔。

游戏玩法

把几根意大利面的末端插进棉花糖里，就可以把它们粘在一起。你能建多高的塔？

可以自己尝试，也可以和朋友或家人比赛。

你需要什么？

◆ 一包意大利面

◆ 一大包中号的棉花糖

◆ 一个平坦、坚固的表面用以建塔

你可以做出正方形、三角形、盒式和纵横交错的形状……

然后把它们连在一起建造塔或其他建筑。

尝试不同的方法和设计，看看你能建多高。

游戏中的科学

建造意面通天塔使用了许多与真实的摩天大楼相同的方法！例如：

◆ 你需要综合考虑强度和质量，这样你的塔就可以建得很高而不会倒。

◆ 三角形是非常坚固的形状，所以用它们来建造可以帮助你的塔保持稳定。

◆ 让你的整个塔呈三角形是一个让它尽可能高且轻的好方法。

◆ 你可以一次用两根意大利面棒让底部更结实，但靠近顶部的地方，用一根就行。

意面防震塔

用同样的意大利面建造法，尝试不同的挑战……

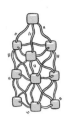

游戏玩法

❶ 每个人都要在托盘上做一个意面建筑。

❷ 这一次，你的目标不是最高的塔，而是一个能承受地震的坚固建筑。先确定一个最大高度，比如 30 厘米，然后尽量制造出一幢坚不可摧的建筑来。

❸ 在底部用力挤压棉花糖，使建筑能粘在砧板或托盘上。

❹ 然后测试你的建筑。把托盘放在一个平面上，握住它的一边，给它一个足够大的震动！

你需要什么？

◆ 意大利面和棉花糖

◆ 大托盘

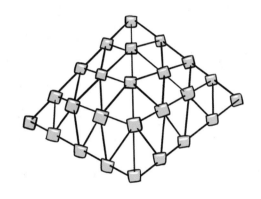

快速晃动它！

你的设计还稳得住吗？

4 大脑与身体的科学游戏

斯特鲁普效应

在这个游戏中，你所要做的就是尽量避免去朗读词汇！听起来挺简单，对吧？

你需要什么？

◆ 计时器或秒表
◆ 一张纸
◆ 水彩笔

游戏玩法

❶ 先创建你的斯特鲁普板。拿出一盒水彩笔，开始写不同颜色的名称……用错误的颜色来写！例如，你可以把"蓝色"这个词写成红色，或者把"橙色"这个词写成绿色。

❷ 试着读出写下的词。很简单吧？设置计时器，看看你能多快就读完它们。

❸ 再来一次，但这次，不去读那个词，而是说出写在纸上的词是红色的、蓝色的、绿色的、黄色的，还是橙色的，等等。当颜色和词不匹配时，你必须避免去朗读这个词，而只是根据视觉来说出它的颜色。

橙色、蓝色、绿色……

谁做得最快？

❹ 找一个人来替你计时，然后……开始！这次花了多长时间？

游戏中的科学

这个奇怪的科学游戏被称为斯特鲁普效应（以科学家 John Ridley Stroop 的名字命名）。大多数人觉得第二部分比第一部分更难，花的时间也长得多。这是因为，一旦我们学会了阅读，我们一看到词汇就会自动朗读词汇本身。信息会"嗖"的一声直接进入你的大脑，你都来不及思考其他事情。当你试着不去阅读，而是去寻找其他信息时，你的大脑还是忍不住要去阅读。这就会造成困惑，速度也慢下来。

形状斯特鲁普

这是另一个斯特鲁普风格的游戏，涉及形状和描写形状的词。

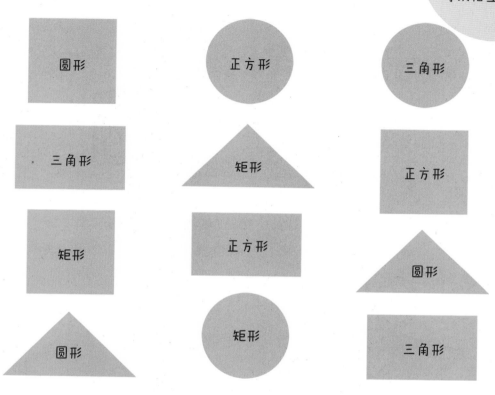

至少需要2个玩家，这样你们就可以相互计时了。

游戏玩法

❶ 在别人给你计时的时候，看着面板，尽可能快地按顺序读出词汇。

看到这个，你得说："圆形。"

❷ 现在，你需要说出每个词周围或后面的形状，而不是词汇。

所以这次,你得说："正方形。"

游戏中的科学

有些人觉得这个比较简单，因为你可以把形状和词汇分开看。你做得怎么样？

镜子的杰作

如果你尝试对着镜子画画会发生什么？

这对你自己来说很容易做，但是旁观别人的尝试会更有趣！

当你移动镜子时，请注意安全。

你需要什么？

- ◆ 麦片盒或类似大小的盒子
- ◆ 带支架的镜子
- ◆ 笔和纸
- ◆ 桌子和椅子

游戏玩法

❶ 坐在桌子旁边，把镜子放在你的前方，大约 30 厘米远。在镜子前面的桌子上放一张纸。

❷ 把麦片盒竖立在你和纸之间，使得你只能看到由镜子反射的纸，而看不到真实的纸。

❸ 现在，拿着笔绕过麦片盒，开始在纸上画画。你只能通过镜子看到你的笔在做什么。

❹ 画一幅简单的画就好。

❺ 如果你和其他人一起玩，你可以构思一些东西来画，看看他们是否猜得出来。

游戏中的科学

　　你可能已经发现，这并不容易。你会感觉大脑似乎已经完全忘记了如何控制你的手！这是因为当你的大脑向你的手发送指令时，它习惯于看到你的手以特定的方式移动。而在镜子里面，方向却是相反的。你的大脑很难适应这一点，所以它一直在发送错误的指令。当然，如果你坚持尝试，你的大脑最终会习惯于此，看着镜子画画会变得容易不少。

魔镜中的信息

　　在镜子里试试另一个游戏——写信息！

游戏玩法

　　这一次，设想一个词语或一段信息，看看你能不能写得清楚易读。或者，你写的时候让其他人来猜写的是什么。

脑子放空！

我被困在魔镜世界了！

这太难了！

你需要什么？

◆ 和前一个游戏一样，准备好镜子、纸和笔

市场购物记

这个记忆游戏一开始很简单，但它会变得越来越难……

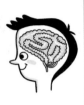

这是一个2人或2人以上的游戏。

你需要什么？

◆ 什么都不要
——只要你的记忆力！

游戏玩法

❶ 由一个人开头，然后轮流加入。第一个玩家说：

> 我去市场买了……

然后说一种市场中的商品名字，比如"一个面包。"

❷ 下一个玩家说：

> 我去市场买了一个面包，然后……

然后又加一件东西，比如"一袋苹果。"

❸ 继续进行！在每一轮，参与者必须以正确的顺序记住之前的商品，并添加自己的商品。

> 我去了市场，买了一个面包、一袋苹果、一些葡萄、一盒鸡蛋、一些茶包和……

游戏中的科学

你是什么时候开始健忘的？我们在长期记忆中储存了成千上万的词汇、物体和其他事务。但是大脑的短期记忆一次只能储存六七件事物，接着就开始遗忘了。

迷宫的记忆

你的大脑如何记住正确的路线？

游戏玩法

❶ 设置好计时器，开始解决迷宫问题。

（不要在书上乱画，用手指找到正确的路线）

自己玩，或者和朋友一起玩，轮流计时。

❷ 一旦你完成了，按下计时器，写下你用了多长时间。

❸ 然后再做一次！接着再来几次。每次你走完迷宫，写下你用了多长时间。

你需要什么？

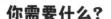

◆ 秒表或计时器

◆ 笔和纸

◆ 本页上的迷宫

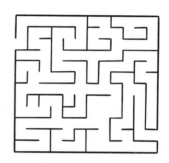

游戏中的科学

　　你会发现，当你一遍又一遍地走迷宫时，你会变得越来越快。你的大脑开始储存有关正确路线的信息，并且记下来。这也是我们学习其他东西的方式，比如上学的路、弹钢琴，或者系鞋带。当你学习时，你的脑细胞会建立起新的连接。连接的改变和生长将用于存储新的信息。你试的次数越多，记忆就越强，直至你觉得完成这件事似乎不需要动脑筋。

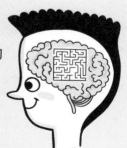

朋友培训记！

像狗这样的动物不会说人类的语言，我们却可以教它们特定的行为方式。
它们是如何知道我们要求它们做的事情呢？像这样试试吧！

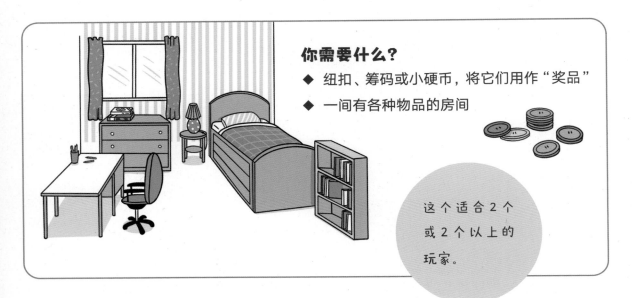

你需要什么？

◆ 纽扣、筹码或小硬币，将它们用作"奖品"

◆ 一间有各种物品的房间

这个适合2个
或2个以上的
玩家。

游戏玩法

❶ 选一个人扮演"狗"，先让他离开
房间。当他出去之后，决定你想教他做
什么。这可以是翻开一本书，打开一盏
灯，或者拾起一支指定的笔。

❷ 现在把"狗"带回来，让他站在房
屋中间。告诉他：做对了事情就会得到
奖品，获得的奖品多多益善。一开始，
他只能盲目地在房间里找些事来做。

❸ 每一次当他接近你想要做的事情时，就奖励他一下！

❹ 当他终于翻开一本书时，再给他一些奖励并多多赞赏。

例如，你想让他翻开一本书，当……

◆ 他走向书架
◆ 他看着书架
◆ 他触摸一本书
◆ 他取出一本书

做得很好！

很好！

❺ 但是，当他做一些与任务无关的事情时，什么都不要做。也不要说"不"——保持安静即可。

干得漂亮！

游戏中的科学

即使"狗"不知道你想让他做什么，这种培训方法也可以训练他去做好那件事，这就是所谓的积极强化。只要他做对了什么，他就会得到奖励。这让他感觉良好，并使他坚持做下去。真正的狗也是这样的！

那是什么味道？

你相信大脑可以告诉你嗅到了什么气味吗？不总是！

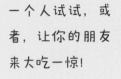

一个人试试，或者，让你的朋友来大吃一惊！

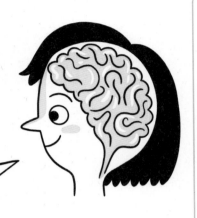

我的大脑在骗我吗？

你需要什么？

◆ 3 个杯子
◆ 可可粉
◆ 肉桂粉
◆ 茶匙
◆ 计时器

游戏玩法

❶ 在一个杯子里放 2 茶匙可可粉，在另一个杯子里放 2 茶匙肉桂粉。在第 3 个杯子里，混合 1 茶匙可可粉和 1 茶匙肉桂粉。

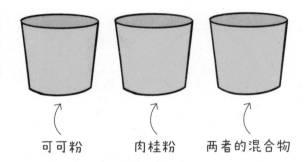

可可粉 　　 肉桂粉 　　 两者的混合物

❷ 现在把计时器设置为 30 秒，开始嗅可可粉，直到计时结束。

嗯，巧克力味……

❸ 待 30 秒结束后，迅速切换到装有混合物的杯子，嗅一嗅。它嗅起来像什么？

❹ 这次反过来试试。嗅肉桂粉 30 秒，然后嗅混合物。这次嗅起来是什么味道？

真奇怪！

游戏中的科学

你会发现混合物嗅起来的味道完全不同，这取决于你刚刚嗅的是什么！如果你一直在嗅可可粉，混合物嗅起来就像肉桂粉。

同样的混合物，不同的气味！

如果你一直嗅的是肉桂粉，混合物嗅起来就像可可粉！这是因为，当你的大脑一遍又一遍地接收到相同的信号时，就会开始忽略它，不再那么关注它。所以，当你嗅可可粉 30 秒后，你对它的敏感度就降低了。这时混合物嗅起来更像肉桂粉，因为你的大脑还没有习惯它，也更容易注意到它。当房间里有奇怪的气味或背景噪声时，这种情况也会发生。你的大脑也会忽略它们，使你不再注意到它们。

也试试这个！

和朋友一起玩的时候，不要告诉他们杯子里装的是什么，看他们能不能猜出来。

尝尝蓝色食物

食物的外观重要吗？用这个简单的游戏来测试一下。

你需要什么？

- ◆ 白色或浅色的食物，如米布丁、白面或土豆泥
- ◆ 蓝色食用染料
- ◆ 2 副盘子、叉子或勺子

因为事关食物，你需要一位成年人的帮助。此外，事先确保没有人对你所准备的食物过敏。

游戏玩法

❶ 在成人的帮助下准备食物。例如，你可以煮一些白面，或者煮一些土豆，捣碎成土豆泥，也可以用一个现成的米布丁。

❷ 把一半食物放在其中一个盘子里。在另一半中加入几滴蓝色食用染料，搅拌均匀。当食物变成亮蓝色时，把它盛在另一个盘子里。

❸ 晚餐准备好了！让你的测试对象来尝尝这些食物吧。给他们看两个盘子，告诉他们两个盘子里的食物一模一样，只是你把其中一个盘子中的食物染成了蓝色。

❹ 问问他们觉得哪个看起来更好，他们更喜欢吃哪个。让他们两种都试一下。他们愿意吗？他们更喜欢其中的某一个吗？

游戏中的科学

虽然人们知道这种亮蓝色的食物尝起来会是正常的，但他们根本不想尝试。科学家认为，这是因为蓝色食物鲜少在自然界中见到。但是腐败的食物看起来倒是发蓝的，这导致人们把蓝色和变质食物联系在一起。不过，蓝色糖果或口香糖并不那么令人讨厌。人们已经习惯了它们含有人造染料，不会觉得奇怪。

呃，呸！恶心！

3 个小盒子

3 个盒子怎么可能比一个盒子还轻呢？这不可能——但以下科学游戏却让人们感觉到似乎真的如此。

你需要什么？

◆ 3 个小而扁平的相同的盒子，如空火柴盒或小的存储盒 (不能是透明的)

◆ 硬币、小鹅卵石或其他小而重的东西，足够装满一个盒子

你可以自己做，也可以利用它来捉弄一下朋友或家人。哪怕你用这套把戏来愚弄自己，也是可行的！

游戏玩法

❶ 在其中一个盒子里装满硬币、鹅卵石或其他小物件，于是它就比其他 2 个重得多。然后把它合上。

❷ 把 2 个空盒子叠在一起，然后把第一个较重的盒子放在上面。

（以上过程不要让他人看见。）

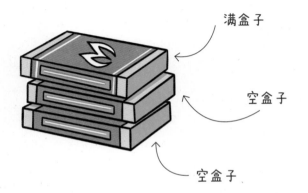

满盒子

空盒子

空盒子

❸ 现在拿起最上面的盒子，感受一下它有多重。如果你打算捉弄其他人，就让他们来感受。

❹ 然后把盒子放回去，将 3 个盒子一起拿起。它们现在感觉起来有多重？

游戏中的科学

令人惊讶的是，大多数人感到这 3 个盒子加在一起比 1 个重盒子更轻！即使我们知道不可能通过添加物体来制作更轻的东西，这种判断依然会发生。

科学家们至今仍不能确定为什么会发生这样的事，以及我们的大脑究竟经历了什么，会给我们发出错误的信息。可能是预先举起重盒子给了你每一个盒子重量大致相同的感受，所以当 3 个盒子叠在一起时，你自然期望其总重量大约是第一个重盒子的 3 倍。然而相反，拿起 3 个盒子时给人的感觉是出乎意料的轻，乃至你的大脑将其判断为比实际重量更轻。

音乐的节奏

来点音乐吧！但请注意，它可能会对你的大脑产生奇怪的影响……

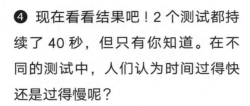

你至少需要另一个人来做测试，还需要一个人来帮助你放音乐。

游戏玩法

❶ 让另一个人或几个人坐下来听，并给他们每人一支铅笔和一张纸。

❷ 告诉他们你要给他们播放一段音乐，让他们猜音乐播放了多长时间。然后播放速度较快的音乐，计时 40 秒。音乐播完后，让他们写下他们猜测的音乐持续时间。

❸ 现在播放慢音乐，也持续 40 秒。然后让他们写下他们猜测的音乐持续时间。

❹ 现在看看结果吧！2 个测试都持续了 40 秒，但只有你知道。在不同的测试中，人们认为时间过得快还是过得慢呢？

你需要什么？

◆ 可以播放音乐的东西，比如手机或电脑

◆ 2 首不同的歌曲或乐曲：一首快而刺激，一首慢而平和

◆ 秒表或计时器

◆ 铅笔和纸

游戏中的科学

科学家发现，音乐的快慢可以改变你对时间流逝的看法。快节奏的音乐通常会让人觉得时间流逝得较快——也许是因为音乐中嵌入了更多的声音和节拍。然而，如果参与游戏的人本身就是音乐家，他们就不太可能弄错。

嘭！

叮当！

猜猜是什么声音

这是一个快速而简单的科学游戏！

游戏玩法

写一份小物件清单，把它交给参与者。当你把一个小物件放入容器时，要求那人背对着你。然后摇晃容器，让它翻来翻去发出声音。请参与者猜猜是清单中的哪个物体。

这个游戏至少要 2 个人玩。

他们会怎么做？

你需要什么？

◆ 有盖子的不透明容器，如咖啡罐
◆ 纸和笔
◆ 小物件，例如：
　硬币
　软木塞
　橡皮擦
　钥匙
　弹珠
　纽扣
　卵石
　橡皮筋

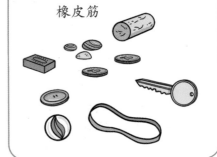

游戏中的科学

运动物体在振动或来回摆动时，会发出声音，并使周围的空气也随之振动。不同的物体和材料以不同的方式振动，这就是为什么它们听起来不同——我们的大脑颇善于发现这些差异。参与者们可能不会全部猜对，但他们可能会做出很好的猜测。

骷髅宾果

你可能对甲虫宾果游戏很熟悉，但这次，让我们来画一架骷髅。

至少得有 2 个玩家。

你需要什么？

◆ 每位玩家一支钢笔和一支铅笔

◆ 用来复制的骷髅图片，如下图所示

◆ 骰子

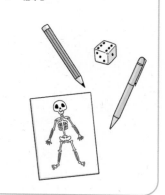

游戏玩法

❶ 所有的玩家围坐在一张桌子旁，轮流掷骰子。轮到你的时候，掷一次骰子。你得到的数字将决定你可以在纸上画出骷髅的哪一部分。

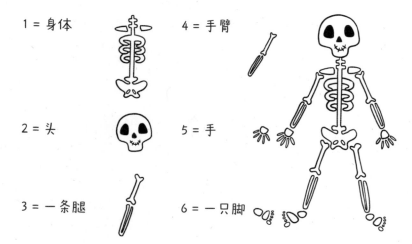

1 = 身体

2 = 头

3 = 一条腿

4 = 手臂

5 = 手

6 = 一只脚

❷ 然而，除非你掷出 1，否则你无法动笔画你的骨架。因为你必须先画出身体，然后才能添加头部、手臂或腿。同理，除非你有胳膊或腿，否则你不能增添手或脚。

❸ 当你掷得一个不能用的数字时，就只好等下一轮。例如，你掷得一个数字 6，本可画一只脚，但是，如果你预先没有一条腿来安装它，你就什么也画不了。

啊！

❹ 第一个完成骷髅的人就是赢家！

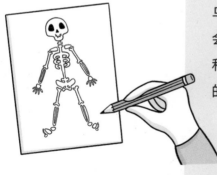

（现在每个人都知道怎么画骷髅了。）

游戏中的科学

　　人类和许多其他动物都有相同的基本身体结构：躯干或主体，脊柱和肋骨，头部和四肢。如果你观察鸟类、蜥蜴、青蛙、猫、狗、马，甚至恐龙的骨骼图片，会发现同样的模式。看看你能不能把它们的骨骼部位和人类的骨骼部位相匹配。它们有任何额外的或不同的骨骼吗？

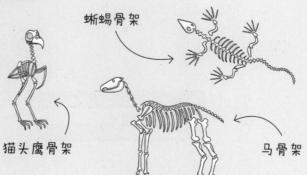

蜥蜴骨架

猫头鹰骨架

马骨架

DNA 配对

通过正确的 DNA 配对构建一条 DNA 链——就像真正的 DNA 一样！

什么是 DNA？

DNA 存在于生物细胞中。它是一种化学物质，呈扭曲的梯子状，其中包含 4 种碱基。

碱基的作用就像代码一样，包含着控制细胞如何工作的指令。

这个游戏需要 2 个或 2 个以上的玩家。

这 4 种碱基分别是腺嘌呤（A）、胞嘧啶（C）、鸟嘌呤（G）和胸腺嘧啶（T）。

A（红色）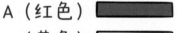
C（黄色）
G（绿色）
T（蓝色）

你需要什么？

◆ 红色、黄色、绿色和蓝色的纸或硬纸片（也可以用白色硬纸片和红色、黄色、绿色、蓝色的马克笔）

◆ 剪刀

◆ 计时器

它们的配对是确定的：

A 与 T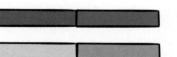
C 与 G

游戏玩法

❶ 剪下许多手指大小的纸条来做碱基，确保你至少有 10 个红色，10 个黄色，10 个绿色和 10 个蓝色。

❷ 一个玩家应该用 10 个碱基组成一排，来构造 DNA 链的一半。你可以按任意顺序，使用任意组合。

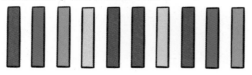

❸ 另一个玩家必须尽快拿出正确的碱基来配对——记住 A（红色）总是与 T（蓝色）相配，C（黄色）总是与 G（绿色）相配。

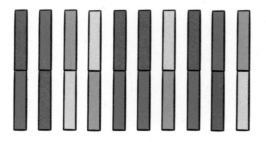

❹ 用计时器看看用了多长时间，然后交换位置，设置一个不同的排列。

你知道吗？

DNA 是脱氧核糖核酸的简称。

游戏中的科学

在一个真正的细胞内，当 DNA 需要复制自己时，它就会这样做，使 1 个细胞可以分裂成 2 个新的细胞。DNA 梯子从中间裂开，新的碱基分别配对到半条 DNA 上，形成 2 条新的 DNA 链。于是，每个新细胞都拥有自己的 DNA 副本。DNA 真的太厉害了！

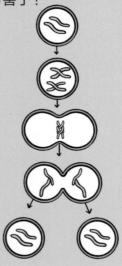

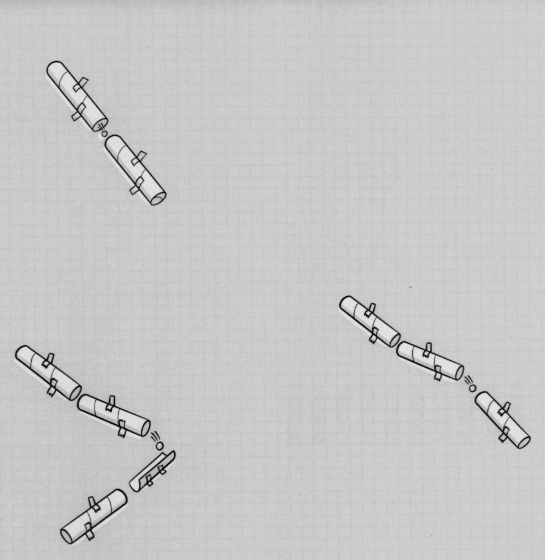

彩虹轮盘

这是一个极其简单的科学玩具，只需几分钟就能轻松制作完成。

游戏玩法

❶ 用你准备的圆形物体，在白色卡纸上依样画圆，然后把圆剪下来。

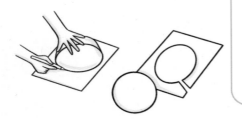

你需要什么？

- 白色卡纸
- 一个圆形物体，可用于画圆，直径 7~10 厘米，例如碗
- 铅笔
- 剪刀
- 尺子
- 红色、橙色、黄色、绿色、蓝色和紫色马克笔

❷ 通过圆的中心画 3 条直线，把圆划分成 6 个部分（尽可能使这些部分相等，如果它们不完全相等也没关系）。

❸ 按顺序在 6 个部分填上红色、橙色、黄色、绿色、蓝色和紫色。

游戏中的科学

如果你旋转得足够快，会看到一些令人难以置信的东西——圆盘变白了！这是为什么呢？光以波的形式传播，这些波可以有不同的波长。例如，蓝光的波长比红光短。当我们看到白光时，我们看到的是所有波长混合在一起的光。

旋转的圆盘混合了波长，相当于我们把它们混在一起看，这让圆盘看起来是白色的。

❹ 把你的铅笔从圆的中心穿过去（如果这对你来说太难了，可以找个成年人先帮你钻个洞）。

现在像转陀螺一样旋转轮子，看看会发生什么！

平衡的蝴蝶

制作一只可以用头保持平衡的蝴蝶。

这个游戏适合任何数量的人。

你需要什么?

- 硬纸板（有一定的硬度,不要太薄的）
- 马克笔
- 剪刀
- 铅笔
- 2 枚小硬币
- 胶带

游戏玩法

❶ 在硬纸板上画一个蝴蝶形状, 如下图所示。翼尖的顶部必须高于其头部的顶部。

❷ 装饰你的蝴蝶, 然后小心地用剪刀把它剪下来。

❸ 把蝴蝶翻过来, 用胶带将 2 枚硬币粘在蝴蝶翅膀的顶端。

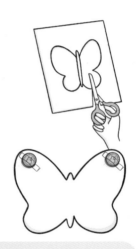

❹ 现在应该能够在你的手指上平衡蝴蝶, 或在铅笔上, 甚至在你的鼻子上。

你怎么做到的？!

游戏中的科学

　　蝴蝶之所以能获得平衡, 是因为硬币使翅膀的尖端更重, 硬币的位置超过了蝴蝶的头部, 平衡掉了蝴蝶的其余部分, 尽管那些部分看起来要大得多。因为重量分布,蝴蝶在其头部取得平衡, 而不是在身体的中部。

跳豆

真正的跳豆是在墨西哥发现的，里面生活着小昆虫，这让它们跳来跳去。但是别担心，这个自制版的跳豆里没有虫！

游戏玩法

❶ 剪下一张约6厘米宽，8厘米长的铝箔纸，将其平整地铺在坚硬的表面上，如桌面，轻轻地抚平。

❷ 把铝箔纸卷在你的圆筒形物体上。然后将物体从铝箔纸中滑出，留下一根空管子。

❸ 把一颗弹珠放进铝箔纸管里，然后折叠并捏紧管子两端（有褶皱也没关系）。

❹ 将这个装有弹珠的管子放进一个容器，盖上盖子，摇晃容器大约10秒。弹珠会塑造管子的末端，使其光滑地弯曲，形成一个豆状物。

这个游戏不限人数

你需要什么？

◆ 铝箔纸
◆ 弹珠
◆ 剪刀
◆ 一个比弹珠稍宽的圆筒形物体，如大号马克笔
◆ 带盖子的容器

❺ 现在你的跳豆准备好了！把它放在你的手上滚动，或者在一个平缓的斜坡上滚动，让它翻转和跳跃。

救命啊！

游戏中的科学

豆子以一种奇怪的方式运动，因为弹珠可以在里面自由滚动。在斜坡上，弹珠在豆子里面滚动时，撞到豆子的末端，豆子就会翻过来。

星座投影器

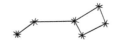

星座是夜空中星星组成的图案，人们根据它们的模样来命名。
按下面的步骤做，你可以在卧室的墙上创造一些令人惊叹的"星座"。

游戏玩法

❶ 在硬纸板上比着圆形物体画圆圈，然后把它们剪下来。

❷ 选择一个你喜欢的星座，小心地复制到每个圆形卡片上。星星用圆点来代替，用线连接这些点。你还可以添加星座的名称。

❸ 在成年人的帮助下，用针在所有的星星处打洞。

❹ 现在你可以点亮你的星座了！在黑暗的房间，把卡片放在手电筒前面，打开手电筒让光投射到墙上。在没有线条连接星星的情况下，你还能识别星座吗？

适合任何数量的玩家。

你需要什么？

◆ 硬纸板

◆ 圆形物体，用来作为模板画圆，直径大约10厘米

◆ 铅笔

◆ 剪刀

◆ 针

◆ 在书上或互联网上找到的星座图片

◆ 手电筒

游戏中的科学

星座看起来像图案，但实际上它们是随机分散的。一个星座中的恒星彼此之间并不紧挨着——甚至距离很遥远。但是人类的大脑总能在随机的模式中找出熟悉的形状，所以，人类创造出了星座。

空气爆破枪

制作一把你自己的空气爆破枪吧。

当你使用剪刀这样锋利的工具时，请大人帮忙。

你需要什么?

◆ 塑料饮料瓶
◆ 气球
◆ 锋利的剪刀
◆ 胶带
◆ 靶子，如多米诺骨牌或硬纸管

游戏玩法

❶ 找一位成年人帮忙，用锋利的剪刀把瓶子的底部剪掉。

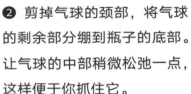

❷ 剪掉气球的颈部，将气球的剩余部分绷到瓶子的底部。让气球的中部稍微松弛一点，这样便于你抓住它。

❸ 用胶带把气球牢牢地固定在瓶子上。

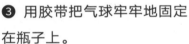

❹ 你的空气爆破枪可以用了！为了制造空气爆破效果，把气球拉向你自己，然后放手。空气会从瓶颈喷出，击中任何挡在其前面的东西。

游戏中的科学

当你回拉气球时，空气爆破枪会吸入额外的空气。然后，你一旦放手，里面的空气就被挤压至狭窄的瓶颈，高速射出！

也试试这个!

如果你没有瓶子，可以用一个大纸杯来做空气炮。在杯子底部切一个大约4厘米的小孔，把气球蒙在纸杯的另一端。

五彩撒花机

一个超级简单的撒花机，可以让五彩纸屑四处飞扬！

你需要什么？

◆ 纸筒　　◆ 五彩纸屑　　◆ 尺子

◆ 胶带　　◆ 气球　　　　◆ 剪刀

游戏玩法

❶ 把气球的颈部系紧（先不要吹气），然后从中间把气球剪成两半。

❷ 把气球系紧了的那一半蒙在纸筒的一端，用胶带固定住。

❸ 在你的撒花机里放一把五彩纸屑，把气球拉下来，瞄准，开火！

砰！

这个游戏的科学原理与前一页相同。

纸飞机发射器

这个发射器使用橡皮筋来储存能量。当橡皮筋被释放时,它会回弹并推动飞机向前!

❶ 先做一些基本的纸飞机和飞镖。把一张纸对折,然后打开。

❷ 把一端的两角折向中线。

无论多少人玩都行 —— 一人做一个!

你需要什么?
◆ 纸和订书机
◆ 薄纸板
◆ 大橡皮筋,15~18 厘米长

❸ 然后再把两边对折到中线。

❹ 把飞镖对折至一半,再把两面折下来做成平翼。

  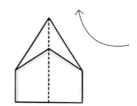   

❺ 请将纸板对折以制作发射器。

❻ 把两面再反向对折一次。

❼ 再把外边的两面反向对折一次。

❽ 在此处钉一个橡皮筋。

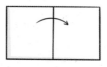   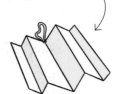

❾ 把橡皮筋绕在发射器上,如图所示。

然后在橡皮筋内的折痕处放一枚纸飞镖。

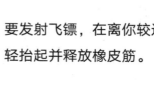

❿ 将发射器指向远离你的方向。

要发射飞镖,在离你较近一端轻轻抬起并释放橡皮筋。

神奇的环翼

这是一根纸做的管子，却能在空中飞！

你需要什么？

- 一张纸
- 胶带
- 圆柱形的物体，如罐子或瓶子

游戏玩法

❶ 在纸的长边上，把一端折至全长的 1/3 处。

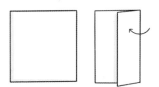

❷ 沿着折印往下压，让折痕变得清晰平整。

❸ 把折叠的部分对折，压紧，然后再对折。

❹ 现在把纸缠绕在圆柱形物体上，折叠部分朝内，迫使其弯曲。

❺ 把它卷成一根管子，把纸的一边塞进另一边，并用胶带把它们粘在一起。

❻ 这就准备好了！要让它飞起来，需把环翼举在空中，折叠的一端在前面，并略微向上倾斜。然后用力推一下，放手。

游戏中的科学

当环翼向前飞行时，空气流经它并围绕着它，环翼被略微向下推，这反过来又推动环翼向上，帮助它保持在空中。

走钢丝

你能让软木塞在绷紧的绳子上保持平衡吗？是的，如果你知道怎么做……

当你使用锋利的烤串签时，请一位成年人协助，并帮你系好绳子。

向一个朋友发起挑战，稍后告诉他怎样才能做到。

你需要什么？

◆ 软木塞，中等大小的橡皮也可以

◆ 绳子

◆ 2 根烤串签

◆ 手工黏土或小橡皮擦

游戏玩法

❶ 请成年人帮你在 2 个固定物之间系上一根绳子，比如衣钩、窗户锁口或楼梯扶手之间（不要使用家具，因为它可能会移动）。绳子可以平放，也可以稍有倾斜。

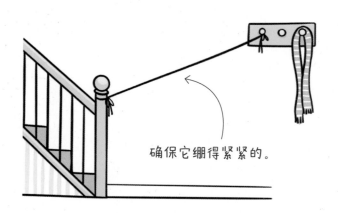

确保它绷得紧紧的。

❷ 现在向朋友或家人发起挑战，要求他们在绳子上平衡地摆放软木塞或橡皮，好比人走钢丝一样。他们能做到吗？（我打赌他们做不到。）

❸ 但是你可以做到！将2根烤串签从斜下方插入软木塞或橡皮的两侧。然后在烤串签两端增加小小的重量，如手工黏土或小橡皮擦。

现在再试一次，站稳了！

游戏中的科学

　　软木塞或橡皮擦变重了，反倒更容易保持平衡！这是因为烤串签和附加重物都在绳子水平的下方。它不会倾覆，因为绳子下面的重量总是把它拉到直立的位置上。不过，你可以让它来回摆动。

呼 – 啊！

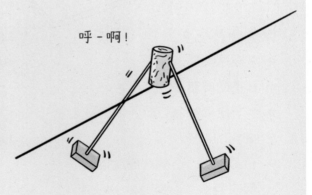

也试试这个！

如果你喜欢的话，给你的软木塞做一套纸服装和一个头！

这下好多了！我也能看了！

城堡摧毁者

很久以前，军队使用巨大的投弹机来摧毁敌人的城堡。请试用这个迷你版投弹机来做同样的事情！

可以自己做，也可以与朋友比赛，看谁能率先摧毁对方的城堡。

你永远也摧毁不了我的盒式城堡！

看我的！

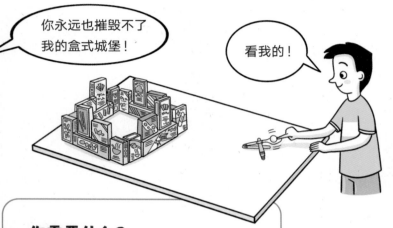

当你使用这个"武器"时要确保有成年人在旁边，不要向人发动你的投弹机，也不要瞄准动物，或者任何易碎的东西！

你需要什么？

◆ 9 根冰棒棍
◆ 6 条橡皮筋
◆ 1 个结实的由塑料、木材或金属制作的匙子
◆ 手工黏土、小橡皮擦或铝箔纸，用来制作"炮弹"
◆ 小而轻的纸板盒
◆ 胶带

游戏玩法

❶ 拿 7 根冰棒棍，把它们叠并在一起，用 2 条橡皮筋把棍子的两端缠紧。

❷ 把剩下的 2 根冰棒棍并在一起，用橡皮筋紧紧地缠住一端。

❸ 把叠并的 7 根冰棒棍夹在 2 根棍子之间。

❹ 在 2 副棍交叉的地方用橡皮筋绕几圈，把它们牢牢地固定住。

❺ 最后，用 2 条橡皮筋把勺子固定在上部的棍子上。

❻ 用你的盒子建造一个简单的城堡或城堡墙。

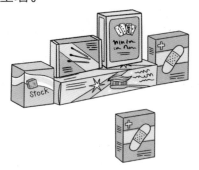

❼ 准备一些"炮弹"。你可以将小橡皮擦，软黏土球，或者紧紧卷起来的铝箔纸球当成"炮弹"。

❽ 使用你的抛弹机，在勺子上放置一枚"炮弹"，稳住抛弹机，把勺子往下按，开炮！

游戏中的科学

当你按下勺子时，它会拉伸橡皮筋，并使有弹性的木棍轻微弯曲。当你放开勺子时，它们会反弹回来，把勺子往上推。但勺子马上就停了下来，因为它连在抛弹机上，于是"炮弹"飞走了！

"炮弹"将在空气中沿着弯曲的路径飞行，这一弯曲的路径被称为弹道。经过几次尝试，你可以调整按下勺子的程度，使其击中城堡。

陡坡飞越

像名勇猛的赛车手一样使你的玩具车冲下坡道！你能让它飞多远？

请一位成年人帮忙剪箱子；确保你的车在跳起来的时候没有人或宠物挡道。

你需要什么？

◆ 中等大小的瓦楞纸箱
◆ 大块的光滑薄纸板
◆ 较长的瓦楞纸箱
◆ 马克笔

◆ 剪刀
◆ 强力胶带
◆ 玩具车

游戏玩法

❶ 取来第一个箱子，小心地剪掉顶部的所有褶叶。

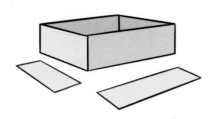

❷ 在箱子的一个侧面画一条曲线，请成年人把它剪下来。

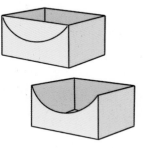

❸ 把按曲线剪下的部分画在箱子上相对的另一面，使两边匹配。把这一面的也剪掉。

❹ 现在轻轻地弯曲那块光滑的薄纸板，把它安装到箱子的顶部。在需要的地方进行修剪，然后用胶带把它粘在箱子上，做成一个跳池。

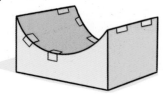

❺ 最后，你需要添加一条很长的坡道，让你的玩具车可以俯冲而下。取出那个较长的瓦楞纸箱，剪下其中一面，把两边折叠起来，折叠部分的高度约为 2.5 厘米。

❻ 将坡道的一端粘在跳池的起点上，使连接处尽可能光滑平顺。将另一端靠在墙上、桌子或窗台上，形成一个陡坡。

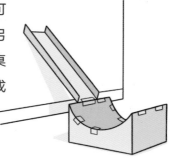

❼ 一切就绪！把一辆玩具车停在坡道顶部，然后放手，看看会发生什么！

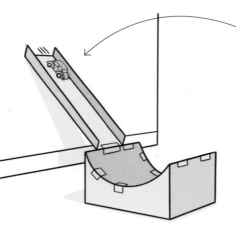

试着在坡道的不同位置启动玩具车。至少要多高才能让它最终越过跳池？你能让它跳出来后安全着陆，然后继续行驶吗？

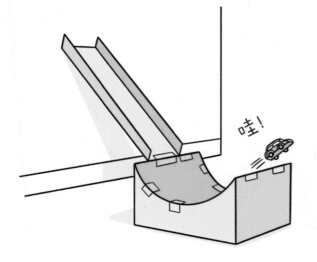

哇！

游戏中的科学

坡道的作用相当于由重力引起的加速。当一个物体开始滚动着下落时，它移动得很慢。但随着它不断地下落，它的速度也随之增加。一条长长的坡道可以让玩具车获得足够的速度飞越跳池。

运动奏鸣曲

用电池驱动的玩具火车制作一台自动奏鸣机。

游戏玩法

❶ 试着在瓶子或罐子里盛入不同量的水。然后，当你用勺子轻轻敲打时，它们会发出不同调门的声音，这取决于其水位的高低。

独自一人玩或团队合作都很有趣。

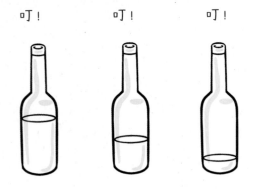

叮！　叮！　叮！

❷ 以水量多少为序，将瓶子或罐子排成一列。当你按某种次序敲打它们时，它们会奏出一段旋律。你可以试着重复你已知的曲调，或者来一段自己的创作。

你需要什么？

◆ 电池驱动的玩具火车和火车轨道（大而且重的火车比又轻又小的火车更好）
◆ 大约 10 个干净的玻璃瓶子或罐子（如果你喜欢，可以更多）
◆ 橡皮筋或强力胶带
◆ 长勺子
◆ 水

❸ 为了让你的小火车演奏乐曲，你需要在火车上绑一个勺子。你可以在车厢中部缠上一根橡皮筋，把勺子压在橡皮筋下，使其稍稍指向后方，并从车厢两边伸出来（或用胶带把勺子固定住也行）。

❹ 将火车轨道摆成直线或圆形。测试一下你的小火车，确保它能沿着轨道运行而不翻车。如果不行，调整一下勺子的位置或者另找一个轻一点的勺子。

❺ 一旦小火车能正常工作，把瓶子排列在火车轨道附近。启动火车，当它经过瓶子时，勺子会轻轻敲击每个瓶子，乐曲便悠然奏响！

游戏中的科学

　　为什么往瓶子或罐子里加水后发出的声音更低沉？这是因为声音来自玻璃的振动。当玻璃周围充斥着空气时，它会快速地振动，发出的声音音调更高。当你加入了更多的水，玻璃就无法快速振动了，只能发出音调更低的声音。

弹珠跑道

用硬纸管制作你自己的弹珠跑道。

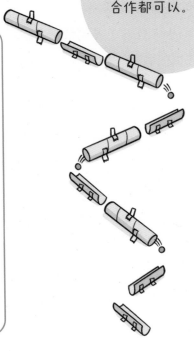

你自己做或团队合作都可以。

你需要什么?

◆ 很多纸筒,可以将卷筒纸用完后剩下的纸筒收集起来

◆ 平坦的垂直表面,如大冰箱门或卧室门

◆ 一个小的塑料食品盒或小纸箱,用于在底部接住弹珠

◆ 胶带

◆ 剪刀

◆ 弹珠

游戏玩法

❶ 游戏的目标是将纸筒粘在选定的表面上,一旦你在顶部启动一枚滚动的弹珠,它就会从一根管子滚动到下一根管子,一直滚到底部。

❷ 你可以保持管子完整,也可以把它切成两半来搭建跑道。

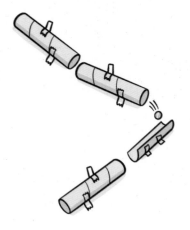

❸ 留下空隙，像这样……

那快速滚动的弹珠会跳过去！

❹ 你可以把管子切成你喜欢的长短，或者把 2 根管子连接起来，做一个更长的管子。

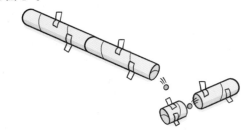

❺ 用胶带把管子粘在选定的表面上，适当倾斜，以便弹珠顺着它滑下来，落进下一根管子。

❻ 当你完成了整个弹珠运行跑道，从顶部启动一颗弹珠，看它顺势往下滚！

游戏中的科学

当你建立起弹珠跑道，你实际上是在做重力实验，观察重力如何使物体滚下坡。如果仅仅让管子稍有倾斜，弹珠就会滚动得慢一些。如果采用陡峭的倾斜度，它加速会很快。但要小心，如果速度太快，弹珠可能会跳出跑道！在实施过程中，可以随时调整你的设计。

也试试这个！

你能让弹珠跳过间隙吗？你可以添加新玩意儿，让弹珠在击中它们时会发出声音或旋转吗？你还可以尝试其他材料，比如纸杯或漏斗。

顶级窍门！

有人发现，从底部做起，再往上做更加容易。

鲁布·戈德堡机

鲁布·戈德堡是一位漫画家和雕塑家，他以疯狂的机械设计而闻名。一个鲁布·戈德堡机由一系列物体组成，当其中一个物体运动时，就会触发下一个物体。

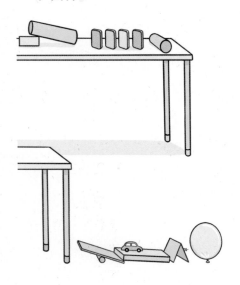

例如：

一颗弹珠从管子里滚下来……

撞翻了多米诺骨牌

最后一张多米诺骨牌让一根管子滚下了桌子……

落在了跷跷板上，跷跷板抬起来……

碰到一个平台，使汽车滑下斜坡……

撞到一些带针的纸板上……

它向前移动，使气球爆炸！

你需要什么？

◆ 一个空旷、平整的工作间，比如一块空的地面或一个大桌面

◆ 制作工具，如剪刀、胶水和胶带

◆ 大把的时间！

◆ 用于制作机器部件的日常用品和材料，包括：

纸张和纸板	纸杯	回形针	盒子和书，用来
手工棒或冰棒棍	多米诺骨牌	管子通条	制作不同的平台
纸板管	玩具汽车	黏性油灰	
绳子	气球	硬币	
橡皮筋	弹珠	珠子	

游戏玩法

❶ 鲁布·戈德堡机最棒的一点是，你要做什么取决于你自己！实施不同的方法和创意让物体动起来，就可以决定序列动作中的下一步。

❷ 你可以先把想法写下来，或者在纸上画个草图，也可以直接开始构建。

❸ 你会发现，从该序列的末尾开始工作，再逆向做到开头反而容易些。

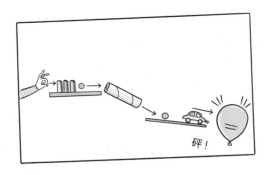

砰！

❹ 不断调试你的设备，调整各个步骤，直到它完美地工作（先做一个小一点的机器，只包含较少的几个步骤，然后再扩充到更长的序列。这是个好主意！）

❺ 当它万事俱备，演示给你的朋友和家人看看。可以把整个过程记录下来。

游戏中的科学

鲁布·戈德堡机涉及各种物理原理，包括重力、摩擦、加速度、平衡、惯性、气压，等等。一切取决于你自己的想法！

灯光，摄像，开始！

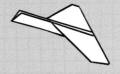

纸飞机航展

举办一个纸飞机航展和比赛，决出制作最佳和飞行时间最长的纸飞机。

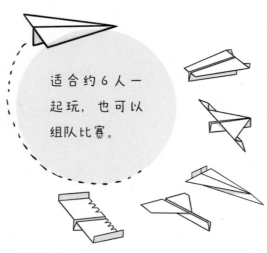

适合约6人一起玩，也可以组队比赛。

你需要什么?

◆ 大量的纸

◆ 宽敞的室内空间

◆ 卷尺、铅笔和纸

◆ 剪刀

◆ 胶带

◆ 胶粘标签，纸吸管，或回形针（可选）

游戏玩法

❶ 首先，每个玩家或小组制作自己的纸飞机。留出足够的时间来尝试不同的设计，做测试和改进。

❷ 当每个玩家都准备好了，轮流"驾驶"你们的飞机，看看在落地之前它们能飞多远。

在地板上粘一条纸条，每个人站在纸条后面发射飞机。

观察飞机降落的位置，然后测量其到纸条的距离。

游戏中的科学

◆ 如果你能确保纸飞机是对称的（两边完全相同），那么它会飞得很好。

◆ 给机头增加一点重量（不要太多！）可以帮助飞机克服空气阻力，飞得更快。

◆ 确保有足够大的机翼面来维持飞机的升力。

◆ 试试将机翼的端部边缘略微向上或向下折叠，形成"副翼"。它们有助于控制气流，并能改善飞行。

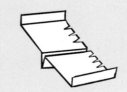

以下是一些小窍门：

飞机类型

◆ 游戏可以基于经典纸飞机飞镖的设计（见第 96 页）、环翼设计（见第 97 页），或一个不同的形状，如右图所示的牛鼻飞机。

◆ 或创造自己的新形状和设计，或将不同的想法混合在一起。举个例子，你能不能用 2 个环翼来做一架飞机，或者把环翼和飞镖结合起来？

额外的材料

◆ 如果你喜欢，也可以使用纸吸管、回形针、胶带和黏性大头针。使用它们来创建不同的设计或增加不同区域的重量。

投掷风格

◆ 不要忘记尝试不同的投掷方法。如果用力投掷不起作用，试着轻轻让飞机起飞——它可能飞得更远。可以尝试使用第 18 页上的发射器，或者设计自己的发射器。

闪闪发光的细菌

细菌太小，小得看不见，所以很难说明白它们到底在哪儿。但如果你能看到它们呢？

非常适合大的团体，比如学校的班级或聚会，当然你也可以在家里和家人一起尝试。

开始游戏之前，请向成年人确认一下，是否可以在周围涂抹发光物质。最好选在一个容易清洁的地方玩这个游戏。

你需要什么？

- 一瓶可生物降解的闪光粉
- 洗手槽和肥皂
- 无香味的护手霜
- 茶匙

游戏玩法

❶ 选一个人来充当第一个沾染了细菌的人。他先在手上擦一点护手霜，然后伸出双手，让别人在他手上抹半茶匙闪光粉。然后双手互相揉搓，让闪光粉覆盖双手。

❷ 闪光粉的传播就如人手上的细菌。当人四处走动、拾起东西或触碰他人时，他们就会把细菌传播到四周。

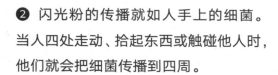

花 10~20 分钟与实验者一起参与一些有趣的活动。你可以……

- 玩棋盘游戏
- 用积木建造一座塔
- 玩一场球类游戏

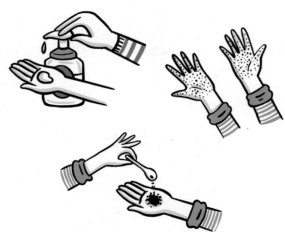

❸ 10~20 分钟后，检查一下自己身上是否能找到闪光粉。其他人的手上或衣服上有吗？你能在周围物体上找到吗？凑近一点看，因为细小的闪光粉很难被发现。

❹ 最后，所有手上沾有闪光粉的人都应该用肥皂和水在水槽里把它洗掉。要花多长时间才能把闪光粉残余都清理干净？

记得翻来覆去地洗手，包括手指之间、拇指，还有手背。

游戏中的科学

　　闪光粉游戏向你展示了细菌是如何轻易地从一个人传播到另一个人，又如何轻易地传播到周围物体以及它们的表面上，于是人们也会沾染上细菌。这就是为什么即使你没有直接接触携带病菌的人，也很容易感染某种致病细菌。

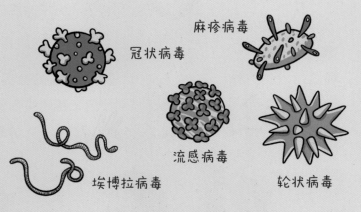

冠状病毒

麻疹病毒

流感病毒

埃博拉病毒

轮状病毒

通过这个游戏，你还可以知道必须多次洗手，才能真正确保所有的细菌都被清除！

神经元的竞赛

这个游戏是关于神经细胞或神经元的，它们传递的信号遍及大脑和身体。

什么是神经元？

神经元是信使细胞。当你感知事物、思考、做决定，用你的大脑控制你的身体时，信号会沿着通道从一个神经元跳到下一个神经元。

你需要什么？

◆ 足够的空间让玩家站成一长排

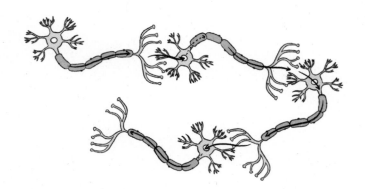

适合 20 ~ 30 人一起玩

游戏玩法

❶ 选一个人来做测试。事先交代清楚：你会拍打他的后背，一旦他感受到了拍打，就马上鼓掌。请站在他的背后，这样他就看不到你何时动手。

❷ 他们做得有多快？在拍打和鼓掌之间的这段时间，信号从测试者背部传到大脑，让大脑理解，然后把信号传到他的手上，让手鼓掌。要做到这一点，信号必须在许多神经元之间跳转，这发生得非常快。请在多个测试者身上试试。

对于大多数人来说，这只需要远少于 1 秒钟的时间。

神经系统包括大脑和遍及全身的神经，它将大脑和身体的各个部位连接起来。它是由携带信号的神经元组成的。

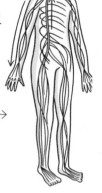

❸ 现在来个神经元竞赛。把你的团队分成 2 个人数相等的小组（如果人数是奇数，就轮流玩，这样每个人都有机会）。每支队伍站成一排，面向前方，这样每个人看到的都是前面一个人的后背。

❹ 数到三，每一排最后那个人轻拍一下他前面的人的后背。一旦前面的人感觉到了，他们就马上轻拍下一个人的后背，以此类推。

哪个队能最快传递信号？

游戏中的科学

在这个游戏中，你利用神经元的速度来比赛。但这排人正恰似一个神经元链条，每个人都把信号传递给下一个人。

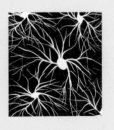

不许作弊！只有当你感受到了拍打，你才能继续拍打下一个人！

E.S.P. 测试

E.S.P. 是 Extra-Sensory Perception（超感官知觉）的缩写。意思是，在没有任何信息或线索的情况下，就能够读懂别人的心思，或者知道某物藏在何处。

当然，大多数人认为这是不可能的，但也有人声称他们可以做到。为此科学家们发明了一组测试来验证它是否真实。

你需要什么？

◆ 普通纸板　　◆ 马克笔

◆ 剪刀　　　　◆ 纸和笔

至少需要 3 个人，并且人越多越好，这样你可以做更多的测试。

游戏玩法

❶ 剪出 10 张扑克牌大小的纸片。制作 2 套相同的卡片，每套 5 张，并在每一套卡片上分别装饰以下 5 种不同的图案（只装饰一面）。

❷ 玩游戏时，2 个人背对背，另一个人记分。

❸ 给每个玩家一套卡片。其中一个玩家卡片面朝下持卡。另一个玩家把卡片放在面前，卡片面朝上。

❹ 开始玩，记分员说"牌1"，并在纸上写下"1"。

❺ 第一个玩家随机抽出一张卡片并盯着它看。然后他得试着用心灵感应将图片"发送"给另一个玩家！

信息传过来了！

❻ 另一个玩家则需努力猜出第一个玩家正在看哪张卡片。

❼ 记分员写下这次出的是什么卡片，猜的是什么卡片。

❽ 重复这个过程至少10次。每一次，第一个玩家都要放回抽出的卡片，洗卡片，再抽卡片。

出卡片	猜卡片
1. 广场	星
2. 水	广场
3. 十字	水
4. 十字	星
5. 圆	圆
6. 星	十字
7. 广场	星
8. 水	水
9. 广场	星
10. 水	水

游戏中的科学

如果人们真的具有读心术或能用心灵感应发送信息，你会看到更高的得分，比如7分(满分10分)。然而，当科学家们做了这个测试之后，他们发现结果和你所期待的差不多——这表明人们并没有真正的超感官知觉。

如果有人得到了高分，那可能是因为他们获得了某种线索。例如，他们是不是听到了记分员写下的内容？确保你检查了每一种可能性！

❾ 然后检查结果！每次都有1/5的概率猜对。所以你可以指望大概有2个答案是正确的。

为了获得准确的判断，你需要让不同的选手配对并重复测试多次。

为机器人编程

找一位朋友扮演机器人，写一段程序让朋友"机器人"完成一项任务。

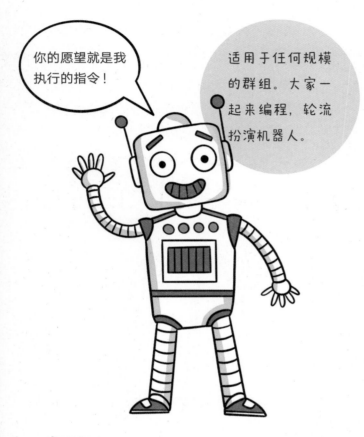

你的愿望就是我执行的指令！

适用于任何规模的群组。大家一起来编程，轮流扮演机器人。

你需要什么？

- ◆ 一块空地
- ◆ 桌子
- ◆ 小物件，如硬币
- ◆ 用一些不易破损的东西作为障碍物，如凳子和大纸板箱
- ◆ 纸和笔
- ◆ 用作眼罩的围巾或大手帕

游戏玩法

❶ 让朋友"机器人"离开房间，这样他就看不到任务了。

❷ 在空地的一端，把硬币或其他小物件放在桌子上。在房间里设置一个简单的障碍流程，使"机器人"必须绕过障碍物才能拿到硬币。

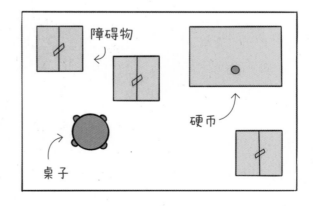

障碍物

硬币

桌子

❸ 设定一个起始位置，可以在地上做一个标记。

❹ 然后计算出朋友"机器人"所需的全部指令：从起点出发，避开障碍物，到达桌子，捡起硬币。把它们写在一个列表中，就像计算机代码一样。

前行 3 步
向右转
前行 2 步
向左转
前行 2 步
向左转
前行 3 步

❺ 当你对程序感到满意了，给朋友"机器人"戴上眼罩，让他站到起点，一行一行地依次读出代码，令其执行。

❻ 如果机器人撞到了障碍物或拿不到硬币，那么你的程序代码就有bug！

❼ 不断更改和测试代码，直到它成功运行为止。

游戏中的科学

当我们给计算机和机器人编程时，我们必须提供完整、清晰的指令。没有这些，它们什么也做不了。如果代码有bug，计算机或机器人就无法有效工作。因此，程序员必须确保指令得以按正确的次序执行。你可能需要比你想象的多得多的准确指令！

随码起舞

做一个电脑编舞者！为舞蹈动作创建一种简单的编码语言，然后进行测试。

你需要什么？

◆ 一块可以跳舞的空地
◆ 音乐和可以播放音乐的播放器
◆ 纸和笔

游戏玩法

❶ 设想三四个简单的舞蹈动作，赋予每个动作一个数字，例如：

1.跳　　2.点头　　3.挥手　　4.拍手

❷ 倾听为你伴舞的音乐，创造一个由不同动作连接而成的舞蹈模式。把这个模式写在纸上，每一个动作对应音乐的一个节拍。

❸ 需要重复数次的动作，用乘法符号表示。

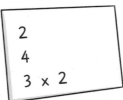

❹ 如要重复一段舞蹈，可添加一个箭头，附带乘法符号和重复次数。

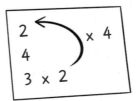

122

❺ 持续练习，直到你有一套完整的舞蹈套路。

❻ 最后，看看组里的每个人是否都能按代码的指示，随着音乐翩翩起舞。

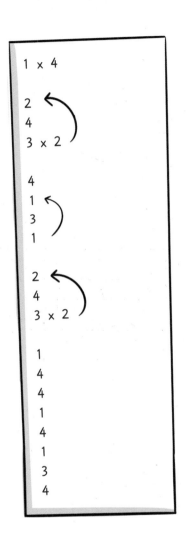

也试试这个！

如果你喜欢玩这个，可以尝试更复杂的版本，比如，让不同的人遵循不同的指令。

游戏中的科学

真正的计算机程序通常会运行具有循环和重复功能的指令代码，以节省储存空间和时间。你能开发出处理更复杂任务的程序代码吗？例如，想在同一时间做 2 个舞蹈动作，你该怎么办？看看你能否开发出新的符号或指令来做些有用的事情。

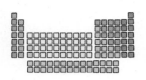

元素宾果

元素是构成万物的纯粹而基本的物质，如氢、氧、碳、银等。这个宾果游戏可以帮助你记住它们的名字和符号。

5~10人一组，外加一位宾果庄家。每个玩家人手一张宾果卡。

你需要什么？

- ◆ 纸板
- ◆ 剪刀
- ◆ 尺子
- ◆ 杯子
- ◆ 每位玩家一支铅笔
- ◆ 纸和笔
- ◆ 如下的元素列表

前20个元素

H- 氢
He- 氦
Li- 锂
Be- 铍
B- 硼
C- 碳
N- 氮
O- 氧
F- 氟
Ne- 氖
Na- 钠
Mg- 镁
Al- 铝
Si- 硅
P- 磷
S- 硫
Cl- 氯
Ar- 氩
K- 钾
Ca- 钙

↑
每个元素都有它自己的符号。

❶ 首先，制作属于你的宾果卡。在卡纸板上剪下长约12厘米，宽约7厘米的卡片，每张卡片上画一个由9个矩形组成的格子。为每个玩家准备一张这样的卡片。

❷ 现在需要一个包含20个元素的列表。你可以使用我们列出的前20个元素，也可以找出其他元素，制作自己的列表。

❸ 用黑色的笔在每张卡片上填上不同的元素。

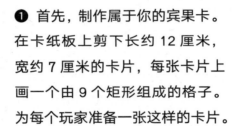

O-氧	B-硼	Ar-氩
S-硫	Ne-氖	He-氦
Na-钠	Si-硅	C-碳

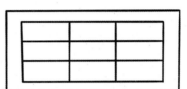

Li-锂	Ne-氖	Be-铍
Na-钠	F-氟	O-氧
H-氢	C-碳	Cl-氯

❹ 用另一张纸写下你清单上的每一个元素。把它们剪成单独的元素，放进杯子里。

❺ 开始玩这个游戏，给每个人发一张宾果卡和一支铅笔。

存在基本元素！

❻ 现在，庄家从杯子里随机挑出一个元素并大声读出来。如果玩家的宾果卡上有这个元素，就把它划掉。

Li-锂	Ne-氖	Be-铍
Na-钠	F-氟	O-氧
H-氢	C-碳	Cl-氯

❼ 庄家继续，一个接一个地从杯子中取出元素。

BINGO! 完成了！

❽ 最终，一个玩家划掉了宾果卡上所有的元素，他大喊BINGO! 赢得比赛！

游戏中的科学

元素可以独立存在，就像金戒指中的黄金一样。它们也可以相互结合，形成其他物质——例如，水是由氧元素和氢元素组成的。理解元素是化学科学的核心问题，化学是探索材料的构成及其行为的科学。

太空宾果

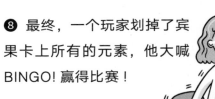

太空宾果游戏和元素宾果游戏的玩法一样，只需将化学元素换成卫星、行星和恒星的名字。

太空宾果游戏的宾果卡列表

太阳	金星	天王星	泰坦	木卫二
月亮	火星	海王星	木卫一	土卫二
地球	木星	冥王星	木卫三	海卫一
水星	土星	塞德娜	木卫四	冥卫一

花粉的竞赛

如果你对花粉过敏，你就会敏感地知道什么时候花粉正随风飞舞。

游戏玩法

❶ 在报纸或包装纸上画一大朵花，直径大约 30 厘米，然后剪下来。在更多的纸上画花，做出更多形状大小相同的花朵。每个玩家或小组一朵。

2~3 人一组，最多 4 组。

你需要什么？

◆ 纸巾
◆ 纸板
◆ 旧报纸或包装纸
◆ 笔
◆ 大一点的硬币
◆ 剪刀
◆ 可拆卸胶带
◆ 宽敞、干净的空地

❷ 将花朵放在地面的一端，并排成一行，保持均匀的间隔。用胶带将它们粘在地面上。给每一朵花标上一个数字。

❸ 在纸巾上用硬币比着画出很多小圆，然后把圆剪下来。这就是你的花粉圈！给每个玩家或小组发 4 个花粉圈。

❹ 比赛时，在空地的另一端，各玩家或小组排成一行，各自正对着自家的花朵；将花粉圈放在自己面前的地面上。游戏者每人手持一块纸板。

❺ 数到三，每个玩家或小组开始扇动纸板，争取把全部花粉圈都送到自己的花上。谁能率先完成，谁就是赢家。（或者，一朵花获得了最多的迷路花粉，也是赢家！）

小心！如果扇动时用力过猛，花粉圈就会迷路，而不会去到该去的地方。

游戏中的科学

许多植物依靠风来传播花粉，但风往往不能把花粉带到正确的地方。正因为如此，植物会释放大量的花粉，其中一些花粉就有可能到达目标。

这就是为什么春夏的空气中充满了花粉，使人喷嚏连连！

伪装游戏

创造完美的伪装动物，让你的朋友或家人去把它们找出来。

你需要什么？

◆ 一台联网的计算机和打印机。如果没有计算机，你也可以在旧的旅游或野生动物杂志上找到你需要的图片。

◆ 铅笔　　◆ 剪刀　　◆ 胶水

问问大人你是否可以用计算机和打印机，让他们帮你找到需要的图片。

最多可以
10 人一起玩

游戏玩法

❶ 利用互联网找几张细节清晰的野外特写图片，例如：

茂密的丛林

沙漠

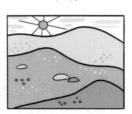

热带草原

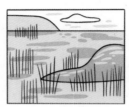

森林中遍布落叶的地面

寻找细节和线条丰富的图片。

❷ 选择一张图片，打印 4 份。

❸ 把人员分成2组，给每组2份图片副本。每组用他们的一张图片做出一些小动物的形状，如下图所示。先把它们画在图片上，然后小心翼翼地剪下来。

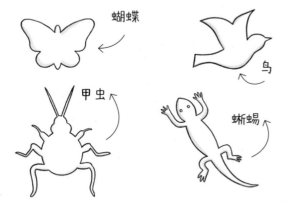

蝴蝶

鸟

甲虫

蜥蜴

❹ 然后要求每组把他们的动物藏在另一张打印出来的图片中，尽量让人看不见。用一点胶水把动物固定住，这样它们就不会乱动了。把动物剪切的边缘处理平滑，并将它们定位在你剪切它们的区域，以获得最佳效果！

你在看什么？

❺ 两组都要找出对方伪装的动物。谁能先找到它们？

游戏中的科学

　　许多动物都有出色的伪装技巧，它们与周围环境相匹配，使猎人难以发现。即使是在非常清晰的图片中，我们多半也看不到它们。

地球和月球

月球离地球有多远？看看你的猜测与正确答案有多接近。

最多 30 个玩家

游戏玩法

❶ 首先，制作地球。在纸或硬纸板上画一个直径 20 厘米的圆，然后把它剪下来。你可以把它按地球的模样装饰一番。

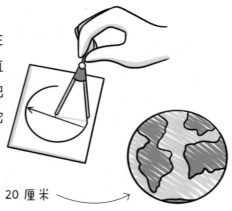

20 厘米

你需要什么？

◆ 白纸或卡片
◆ 马克笔
◆ 指南针
◆ 剪刀
◆ 可移除胶带
◆ 一间大房间
◆ 卷尺
◆ 计算器

❷ 接下来，制作许多月亮，使玩家人手一个。画一个直径 5.5 厘米的圆，把它剪出来。然后按这个大小画出并剪出更多的月亮。

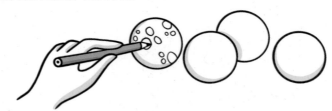

❸ 这些地球和月球模型是按比例制作的，这意味着它们彼此之间的相对大小是正确的。

地球直径为 12 742 千米

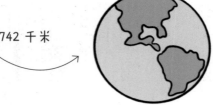

月球直径为 3475 千米——或者说比地球直径的 1/4 稍大一点

但是它们之间相距多远呢?

❹ 把地球放在房间一端的地板上,用一点胶带固定住。

❺ 让每个人在他们的月球上写下自己的名字或首字母缩写。然后,按每个人认为的地月之间应有的距离,把月亮放在地上。

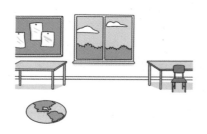

❻ 当每个人的月亮都已经各就各位时,找出正确答案!

20 × 30.2

❼ 月球到我们的距离随着月亮的移动而略有变化,但平均值约为 384 400 千米。这个距离大约是地球直径的 30.2 倍。

你的地球直径是 20 厘米,用这个乘以 30.2,就得到了你的模型月球到模型地球应有的距离,请用卷尺在地面上丈量出来。

游戏中的科学

你感到惊讶吗? 答案应该大约是 6 米。大多数人猜测月球的距离比这近得多。这可能是因为很多图画常常把它画得很近。而且,当我们在天空中看到它时,看起来也相当的近。实际上,月球和地球在太空中看起来是这样的:

地球   月球

词汇表

加速度： 描述速度变化快慢的一个物理量。

酸性： pH 值小于 7 的物质属性。碱性的反义词。

腺嘌呤： DNA 的四种碱基之一。

副翼： 机翼上凸起的折叶，用来控制飞机飞行。

气压： 空气对物体施加的压力。

空气阻力： 物体在空气中运动时产生的阻力。空气对物体施加的抵抗力。

碱性： pH 值大于 7 的物质属性。酸性的反义词。

亚里士多德： 古希腊哲学家和科学家，他研究世界的运作方式。

人造的： 由人制造，而不是天然的。

原子： 最小的化学建构之砖。

平衡： 当一个物体的重量均匀分布时，它可以保持稳定的直立状态。

伪装： 让物体或动物能融入周围环境的色调和纹理。

细胞： 生命体的最小组成单元。

代码： 用来告诉计算机或机器人该做什么的一系列指令。

编码语言： 计算机和机器人使用的一种特殊语言，程序员用来告诉计算机该做什么。

星座： 夜空中构成某种图案或形状的星星的集合。

胞嘧啶： DNA 的四种碱基之一。

密度： 物体中分子之间的接近程度。

DNA： 脱氧核糖核酸。携带生命体指令的链状生物大分子。

元素： 具有相同核电荷数的同一类原子的总称。

超感官知觉： 主张人可以用"第六感"预测将要发生的事情。

力： 可以改变物体运动方式的外因。

摩擦力： 一个物体与另一个物体摩擦时产生的阻力。

细菌： 一种可以生活在另一生物体内的微小生物。

重力：使物体落向地球的力。

鸟嘌呤：DNA 的四种碱基之一。

水平：与地面平行。

惯性：物体保持其静止或匀速直线运动状态的特性。

艾萨克·牛顿：发现引力的科学家。

约翰·莱德利·斯特鲁普：发现斯特鲁普效应的科学家。

动能：运动的能量。

杠杆：一根长而坚固的杆，可绕固定支点转动。

长期记忆：能记住很久以前的事情。

磁铁：一种特殊的材料，能吸引铁，并在其外产生磁场的物体。

分子：结合在一起的一组原子。

神经：一组长长的线状结构，负责在大脑和身体各个器官之间传递信息。

神经元：从感觉器官向大脑传递信息的细胞。

牛顿摇篮：能显示动能如何在物体间传递的玩具。

钟摆：挂在固定点上的重物，可以左右摆动。

pH 值：衡量物质酸性或碱性程度的指标。

正面强化：一种训练人或动物去做某事的方法，主要使用表扬。

程序：告诉计算机做什么的一系列指令。

鲁布·戈德堡机：一种复杂的装置，涉及不同行为的连锁反应。

短期记忆：能记住最近发生的事情。

太空行走：宇航员穿着太空服走出宇宙飞船。

斯特鲁普效应：当你的大脑同时呈现不同信息时，会导致信息处理的延迟。例如，如果你看到"蓝色"这个词用绿色来书写时，就会使你的大脑阅读该词汇的时间比用蓝色书写词汇时要长。

表面积：物体外表面的面积。

表面张力：物体外表面层的所有粒子都相互吸引时呈现的力。

对称：事物相对的两个面互为镜像。

胸腺嘧啶：DNA 的四种碱基之一。

轨迹：运动物体所经过的路径。

波长：光的相邻波之间的远近。

竖直的：从顶部直到底部。

振动：物体的粒子快速运动的一种方式。

黏度：液体的黏稠程度。

漩涡：液体或空气围绕一个中心点做整体旋转。